이탈리아
소도시
여행

이탈리아 소도시 여행

올리브 빛
작은 마을을
걷다

글 · 사진 **백상현**

시공사

Prologue

여행의 시작

'심장이 요동치기 시작한다.'

공항의 공기 속에는 가슴을 뛰게 하는 화학 성분이 첨가된 게 틀림없다. 비행기 특유의 진동과 저울추처럼 묵직한 소음이 아드레날린이 되어 여행자의 모세혈관을 타고 온몸의 세포 속으로 파고든다.

로마 다빈치 공항. 늘 줄이 길고, 늘 수속이 오래 걸린다. 여권 검사는 몇 초 걸리지도 않는데, 항상 왜 이렇게 오래 걸리는지 입국 수속을 밟을 때마다 수수께끼다. 마침내 수속을 통과하고 로마로 이동하는 기차에 몸을 실었다. 그러고는 로마 테르미니 역에 도착하자마자 곧바로 야간열차를 탔다.

이탈리아 곳곳에 숨은 소도시 여행의 시작을 남부에서 할 요량이었다. 남부에서 시칠리아 섬을 거쳐 본토의 중부와 북부까지, 구석구석 보물처럼 숨어 있는 소도시를 찾아가는 설렘이란……. 소도시마다 제각기 신화와 역사, 사랑 이야기가 있고, 때로는 대자연의 웅장한 풍경들이 펼쳐진다. 그 신화와 역사의 경계를 넘나들고, 사랑과 풍경의 아름다움에 빠질 생각에 잠을 설친다.

야간열차는 이탈리아 중부와 남부의 여러 도시들을 장돌뱅이처럼 떠돌며 칠흑 같은 어둠 속을 달리다 서고를 반복했다. 살짝 열어둔 창문 틈새로 차고 낯선 바람이 새어들었다. 비몽사몽 몇 시간을 뒤척이다 창밖을 바라보니 푸르스름한 새벽 여명이 어느새 기차 꽁무니를 쫓아온다. 창밖으로는 풀리아 주의 넓은 평원이 어슴푸레한 여명 속에서 마치 흑백영화처럼 스쳐간다. 고작 하루를 이동했을 뿐인데, 세상은 온통 낯선 풍경이다.

더 이상 제대로 잠을 자기는 이미 글렀다. 비좁은 야간열차의 객실 구석에 구겨진 종이처럼 몸을 웅크리고 기대어 앉았다. 채 날이 밝지 않은 새벽과 이른 아침의 경계에서 똑똑, 누군가 쿠셋 문을 노크한다. 야간열차의 차장이 아침식사로 간단히 커피와 크루아상을 쟁반에 담아왔다. 그의 경쾌한 아침 인사에 잠이 확 달아난다.

작은 테이블에 앉아 차장이 가져다준 커피와 크루아상으로 이탈리아에서의 첫 식사를 했다. 커피의 쓴맛과 크루아상의 부드러움이 묘하게 어울린다.

밤을 새워 달리던 열차가 마침내 바리에 도착했다. 여행의 긴장과 기대가, 한껏 흥이 오른 상쇠의 북채처럼 심장을 두드린다. 재빨리 카메라를 챙겨 어깨에 걸었다. 열차의 저 문을 밀고 나서면 이탈리아는 어떤 풍경들과 이야기를 보여주고 들려줄까. 문을 밀던 손이 잠시 멈칫하다가 이내 몸이 앞으로 살짝 기울어졌다.

열차 문이 열리자 눈부신 남부의 햇살이 눈을 파고들었다. 곧이어 활기찬 이탈리아 인들의 수다가 귓가로 쏟아져 들어왔다.

– 본조르노, 이탈리아Buon Giorno, Italia! 차오, 이탈리아Ciao, Italia!

낯선 공간, 설레는 시간.

진짜 여행의 시작이다!

Contents

Amalfi
Sorrento
Ravello
Positano
Alberobello
Matera
Lecce
Gallipoli

01

소도시 여행
동화 속 풍경

알베로벨로
갈리폴리
마테라
레체
포시타노
소렌토와 아말피
라벨로

2
MARTINA FRANCA
ATR220-003
ATR220-014

풀리아의 동화 마을

알베로벨로

Alberobello

파란 하늘과 원추형의 트룰로 그리고 또다른 세상이 존재하는 곳, 알베로벨로.
이곳에 서면 눈앞에 펼쳐진 풍경 그대로 동화 같은 세상을 믿고 싶어진다.

로마 테르미니Termini 역에서 출발한 야간열차가 밤새 달려 도착한 곳은 풀리아Puglia 주의 수도이자 남부의 가장 부유한 도시 바리Bari였다. 이탈리아 지도 전체를 봤을 때 구두 뒷굽에 해당하는 풀리아 주의 여러 도시를 돌아보고 앞굽인 칼라브리아Calabria 주를 거쳐 시칠리아Sicilia 섬으로 넘어갈 요량이었다.

– 알베로벨로행 표 주세요!

의기양양하게 말하자 역무원이 고개를 가로저으며 저쪽으로 가라고 손짓을 한다.

알베로벨로는 풀리아 주의 자랑이자 이탈리아에서 가장 이질적인 느낌의 도시다. 마치 영화 속에서 주인공만이 미지의 세계로 향하는 열차의 승강장을 운명적으로 찾게 되듯, 바리에서 알베로벨로로 향하는 열차의 승강장은 중앙역 모퉁이에 숨바꼭질하듯 숨어 있어 초행인 여행자들을 우왕좌왕하게 만든다. 표를 사고 얼마 지나지 않아 몇 칸 되지 않는 짧은 열차가 조용히 승강장으로 들어왔고, 몇 명 되지 않는 여행자들이 알베로벨로행 열차에 몸을 실었다.

바리에서 얼마를 달렸을까. 열차 창밖으로 이탈리아 남부의 풍경이 무심히 흘러갔다. 황토빛 들판에는 올리브 나무가 무성히 자라고 있었다.

올리브 나무 사이로 독특한 원추형 모양의 돌집들이 듬성듬성 눈에 띄었다. 트룰로Trullo라고 불리는 이 지역 특유의 주거지다. 남부에서 흔히 채취되는 돌을 이용해 지은 집이라 한다. 드물게 보이던 트룰로들이 알베로벨로에 가까워질수록 더욱 빈번히 모습을 드러낸다. 하지만 정작 알베로벨로 역에 내려서 마치니 거리Via Mazzini, 가리발디 거리Via Garibaldi를 따라 알베로벨로의 중심인 포폴로 광장Piazza del Popolo에 도착할 때까지 줄곧 상상했던 동화 마을 알베로벨로의 놀라운 풍경은 좀처럼 보이지 않아 고개를 갸웃거리게 만든다.

알베로벨로는 포폴로 광장을 중심으로 동쪽 언덕의 신시가 지구와 서쪽 언덕의 트룰리Trulli, 트룰로의 복수형 지구로 나뉜다. 포폴로 광장의 서쪽으로 발걸음을 향하자 눈앞에 놀라운 광경이 펼쳐졌다. 길 하나를 사이에 두고 이웃한 몬티 지구Rione Monti와 아이아 피콜라 지구Rione Aia Piccola의 1천4백여 채나 되는 트룰로가 벌집 모양의 군집을 이루며 장관을 연출한다. 특히 몬티 지구에는 1천여 채의 트룰로가 비탈진 언덕을 따라 그림처럼 펼쳐져 있어, 마치 동화 속 풍경처럼 비현실적인 느낌을 선사한다. 하지만 비현실적인 풍경과는 달리 지금도 상당수의 트룰로가 주민들이 일상생활을 하는 실제 거주지로 이용되고 있다.

트룰로의 유래는 현실적이고 팍팍하다. 옛날에는 주택에 대해 부과되는 세금이 너무나 과했기 때문에, 가난했던 이곳 주민들은 단속 관리가 나올 때면 얼른 집을 부수기 위해 이 지역에서 쉽게 구할 수 있는 돌을 이용해 트룰로를 짓게 되었다고 한다. 겉으로 보기에는 동화 같지만 사실은 서글픈 서민의 삶이 녹아 있다. 그 옛날 조상들의 눈물과 한숨이 이

제는 남부 제일의 관광거리가 되고 세계 문화유산이 되었다니, 언제나 그렇듯 역사나 인간의 삶이나 참 아이러니하다. 오늘의 시련이 내일의 무엇이 될지 알 수 없는 것이다.

트룰로 숙소를 전문으로 소개해주는 트룰리데아Trullidea에 전화해 마을 한가운데 자리 잡은 트룰로를 예약할 수 있었다. 예약한 트룰로를 찾아가니 겉보기와는 달리 내부가 널찍하고 아늑하다. 방마다 지붕이 하나씩 이어서 독채에서 생활하는 것과 마찬가지다. 원룸형 트룰로는 가장 안쪽에 침실이 있고, 넓은 거실에는 옷장과 소파, 테이블과 의자가 놓여 있고 입구 쪽이 부엌이다. 천장에는 대들보가 다 드러나 있고, 욕실과 화장실도 공간이 넉넉하고 청결하다. 온통 하얗게 페인트가 칠해진 내부는 깨

끗하고 시원한 느낌을 준다. 바깥은 한창 뜨거운 태양이 내리쬐어도, 트룰로 안에만 들어가면 에어컨이나 선풍기 없이도 시원해지는 게 마냥 신기하기만 하다.

몬티 지구의 기념품 가게들을 구경하면서 언덕 위쪽으로 올라가면, 특유의 원추형 지붕이 인상적인 트룰로 교회La Chiesa a Trullo가 우뚝 서 있다. 이 교회는 알베로벨로 지역 주민과 미국 이민자들의 도움 덕분에 건설될 수 있었다. 19.80미터에 이르는 트룰로 모양의 돔 앞에 서면 교회의 위엄보다는 먼저 여행객들의 지친 마음을 어루만져주는 듯한 묘한 친밀감이 느껴진다.

알베로벨로를 거닐다보면 시선이 닿는 곳마다 동화 같은 풍경이다. 원추형 지붕마다 제각기 그려져 있는 태양, 달, 별 등의 도형과 종교적인 문양들이 더욱 신비로운 느낌을 더한다. 한낮이 되면 조용하던 마을 골목길이 전 세계에서 찾아온 단체 관광객들로 다소 소란스러워진다. 과거 가난하고 고단했던 삶의 현장은 무수한 세월이 흐르며 동화 같은 이야기들이 겹겹이 쌓여 수많은 여행자들을 불러 모으는 신비로운 매력을 지닌 마을이 되었다.

트룰로는 원래 원추형 지붕이 건물마다 하나씩 있는 독립적인 형태를 취하고 있다. 하지만 몬티 지구의 트룰로 중에서 유일하게 한 건물에 두 지붕을 가진 트룰로 시아메세Trullo Siamese가 시선을 끈다. 옛날에 아버지로부터 하나의 트룰로를 상속받은 두 형제 중 형과 정혼한 여인이 무슨 운명의 장난인지 동생과 사랑에 빠지게 되자, 형제가 크게 다투고 서로 등을 돌렸다고 한다. 아버지로부터 물려받은 트룰로는 가운데 벽을 세워

둘로 쪼개졌고, 지붕도 둘로 나뉘게 되었다. 알베로벨로에서 유일하게 두 개의 지붕을 가진 트룰로 시아메세는 지금까지 그 형태를 유지하고 있다. 동화 같은 풍경 이면의 현실적인 이야기다.

몬티 지구를 한눈에 내려다보기 가장 좋은 위치는 포폴로 광장 서쪽에 있는 성 루치아 교회Chiesa di S. Lucia 옆 작은 공터다. 그리 높지 않은 언덕에 옹기종기 모여 동화 속 풍경을 만들고 있는 몬티 지구가 눈앞에 시원스레 펼쳐진다. 새하얗게 칠해진 외벽으로 인해 알베로벨로는 온통 하얗다. 그 때문인지 마음이 저절로 맑게 정화되는 듯하다.

파란 하늘과 원추형의 트룰로 그리고 또다른 세상이 존재하는 곳, 알베로벨로. 이곳에서는 보이는 세상이 전부가 아니라는 새로운 깨달음을 얻게 된다. 여기에 서면 지금은 그저 눈앞에 펼쳐진 풍경 그대로 동화 같은 세상을 믿고 싶어진다. 여행이 끝나면 돌아가야 할 치열한 삶의 전쟁터는 잠시 잊고, 그저 눈앞에 펼쳐진 풍경 속으로 빠져든다. 트룰로 사이로 개미처럼 작은 사람들이 오가는 풍경은 마치 만화를 보는 것처럼 비현실적으로 다가온다.

알베로벨로에서는 미니 트룰로를 파는 기념품 가게가 특히 인상적이다. 직접 정과 망치로 돌을 쪼개 미니 트룰로를 만드는 기념품 가게에 들어갔다. 하얀 먼지를 뒤집어쓴 주인장의 손길이 바빠 보였다.

– 당신이 한번 만들어 보겠소?

열심히 카메라 셔터를 누르고 있었더니 그가 공구를 건네며 사람 좋은 웃음을 보인다. 서툰 망치질을 보며 그가 다시 한 번 너털웃음을 터뜨린다. 기념품을 하나 더 팔려 하기보다 자신이 하고 있는 일을 통해 낯선 여행자에게 추억을 안겨주고픈 마음씀씀이가 참 고맙다.

몬티 지구 골목 곳곳에는 남부의 전통 칠리페퍼 절임과 다양한 특산물 절임, 와인, 치즈, 햄을 파는 가게들이 몇 군데 있다. 그 중에 들른 한 가게의 안주인 마리아는 칠리페퍼에 관한 학위를 세 개나 획득한 전문가였다.

– 조부 때부터 시작해 3대째 가업을 잇고 있어요.

그녀는 가게 한쪽에 걸린 조부의 사진을 가리키며 자랑스럽게 말했다. 그러고는 과거에 전통 부엌과 우물로 사용되었던 공간을 구석구석 구경시켜 주었다.

– 예전에는 이 우물에서 물을 길어 저녁을 짓고 빨래도 했지요. 저 부엌 벽의 그을음을 보세요. 트룰로에서의 생활은 소박했지만 전혀 불편하지 않았어요. 이렇게 할아버지 가게를 지키며 알베로벨로에서 살아가는 게 제겐 가장 큰 행복이에요.

그녀의 이야기를 듣고 난 뒤 칠리페퍼 절임을 하나 구입하고자 계산을 부탁했다. 그러자 그녀는 어느새 남부 풀리아의 전통 와인 한 병을 포장

VISITA
GRATUITA
AL TRULLO
PICCOLO
MUSEO
FORMAGGI
E SALUMI
LOCALI
€ 6.50

해 선물로 건네준다. 극구 사양하는데도 한사코 괜찮다며 문밖에까지 나와 미소를 지으며 작별인사를 하던 마리아. 이렇게 따스하고 고운 마음을 어디서 만날 수 있을까.

가게를 나와 트룰로 골목길을 다시 걷는다. 겨우 하루가 지났을 뿐인데 어제까지 머물렀던 공간과 시간, 서울에서의 일상은 어느덧 머나먼 이야기가 되어버렸다. 다른 여행자들도 이렇듯 신비로운 풍경에 조금씩 흥분해 있었고 저마다 상기된 표정들이었다.

어느새 고요가 알베로벨로를 뒤덮었다. 소란스러운 여행자들도 모두 떠나고, 주민들도 모두 마법이 풀린 동화 속 주인공처럼 동그란 트룰로 속으로 사라졌다. 예쁜 조명이 밝혀진 길 위에 홀로 남아 서본다. 길을 잃어도 상관없다는 마음으로.

모두가 고요함 속에 잠든 새벽녘, 몬티 지구를 거니는 경험은 더욱 특별함으로 다가온다. 트룰로 문을 열고 나와 도둑고양이처럼 살금살금 골목길을 배회하다 보면, 무쇠 솥뚜껑처럼 가슴을 짓누르던 현실의 무게는 홀연히 사라진다. 적어도 그 순간만큼은.

고요하고 동화 같은 알베로벨로의 새벽빛은 오묘하고 신비로운 푸른색으로 가득하다. 그러다 조금만 지나면 태양 문양이 그려진 지붕 위로 마치 약속이나 한 듯 붉은 해가 떠오르며 알베로벨로의 아침을 물들인다. 또다시 여행자의 하루가 열리고, 아침 공기는 좀 더 분주하게 일상의 색채를 띠며 흐르기 시작한다. 어쩌면 현실이 아닌 동화 속 하루가 시작된 건지도 모른다.

가보기°

남부 풀리아 주의 주도 바리Bari로 간 뒤, 바리 중앙역 앞에서 알베로벨로 행 트렌이탈리아 버스를 타고 1시간 정도 간다.

맛보기°

트룰로 도로 Trullo D'oro

미슐랭 가이드의 별 2개 평점을 연속적으로 받고 있는 전통 트룰로 리스토란테(이탈리아의 일반 식당을 일컬음). 에피타이저로 신선한 멜론과 함께 먹는 이탈리아의 전통 햄 요리 프로슈토와 멜론Prosciutto e Melone, 코스 요리로는 돼지고기나 양고기 그릴 구이Arrosto Misto를 추천한다.

address F. 카발로티 거리 27번지 Via F.Cavallotti, 27

telephone 080 4321820

트라토리아 아마툴리 Trattoria Amatulli

추천 메뉴는 티피코Tipico.

address 쥐세페 가리발디 거리 13번지 Via Garibaldi Giuseppe, 13

telephone 080 4322979

머물기°

트룰리데아 알베르고 디푸조 Trullidea Albergo Diffuso

알베로벨로 마을 속 트룰로에서 잠을 잘 수 있는 숙박 에이전시다.

address 몬테 사보티노 거리 24번지 Via Monte Sabotino, 24

telephone 080 4323860

url www.trullidea.it

바리 중앙역

프로슈토와 멜론

양고기 그릴 구이

마리아 콘체타 마르코 Maria Concetta Marco

전통 음식에 관한 학위를 딴 안주인이 직접 담근 다양한 저장 식품을 구경할 수 있다. 전통 트룰로 내부를 그대로 살려 3대째 운영 중인 가게다.

address 몬테 산 미케레 거리 37번지 Via Monte San Michele, 37
telephone 080 4321739
url www.trulloantichisapori.it

데알파 아르티지아나토 Dealfa Artigianato

다양한 전통 수공예 가죽 제품과 가면, 액세서리를 직접 만들어 파는 공방이다.

address 몬테 산 미케레 거리 40번지 Via Monte San Michele, 40
telephone 080 4321751
url www.dealfa.com

신시가지 산책

부유한 사제 집안에서 지은 유일한 2층 구조의 트룰로 소브라노Trullo Sovrano, 알베로벨로 출신의 유명 건축가 안토니오 쿠리Antonio Curi에 의해 건설된 산티 메디치 바실리카La Basilica dei Santi Medici, 카사 다모레Casa D'amore에 들러보자. 특히 카사 다모레는 트룰로를 변형하여 건축하거나 모르타르 사용 시 콘베르사노 백작이 주민들에게 부과했던 벌금에 대항해 승리를 거둔 것을 기념하는 건축물이다.

트룰리데아 리조트

마리아 콘체타 마르코

데알파 아르티지아나토

이오니아 해의 진주

갈리폴리

Gallipoli

밤이 되면 해변가 노천 카페에서 향기로운 와인을 마시거나,
넓적한 피자 한 판 두둑하게 먹으며 이오니아의 달빛을 누리는 곳.
이곳이 바로 갈리폴리다.

'아름다운 도시'라는 뜻의 그리스 어 '칼리폴리스Callipolis'에서 유래한 갈리폴리는 육지 쪽의 신도시와 석회암으로 이루어진 작은 섬에 둥지를 튼 구시가지로 이루어져 있다. 역사적으로는 고대 그리스의 도시로 알려지기 시작해, 로마 제국부터 반달 족과 고트 족, 비잔틴 제국, 노르만 족, 베네치아 공국의 침략과 지배를 받아왔다. 16세기 이곳에 육지와 섬을 잇는 베키아Vecchia, '늙은'이라는 뜻 다리가 건설되었고, 18세기에는 지중해에서 가장 큰 올리브 오일 시장이 형성됐다. 지금은 이탈리아 남부의 푸르른 이오니아 바닷가에 자리 잡은 한적한 어촌이자 현지인들이 주로 찾는 관광지다.

이탈리아 남부의 바닷가라는 사실을 증명하듯 큼직큼직한 야자수들이 기차역 앞 공원에 늘어서 있다. 마치 무뚝뚝한 사내를 보는 느낌이다. 야생동물의 귀소본능처럼 공원을 지나 오른쪽으로 방향을 잡았다. 뜨거운 남부의 태양을 머리에 이고 신시가지를 한참 걸어야 구시가지에 이르는 베키아 다리가 보인다. 다리 근처에 고대 그리스의 원형을 따라 16세기에 재건된 그리스 분수는 마치 여행자를 미지의 세계로 데려다줄 타임머신처럼 신비스러운 분위기를 풍긴다. 사람들은 분수 앞에서 즐겁게 기념사진을 찍거나 흐르는 물을 마시며 목을 축이기도 한다.

푸른 이오니아 바다를 건너자 신시가지와는 완전히 다른 분위기의 구시가지가 눈앞에 펼쳐지기 시작했다. 인도에 깔린 오래된 돌들은 수많은 사람들의 발길로 반들반들 윤이 났고 햇살에 눈이 부실 지경이었다. 바닷가 마을답게 좁은 골목 양쪽으로 온갖 해산물 관련 기념품은 물론 올리브 오일, 와인 가게와 식당들이 연달아 자리를 잡고 여행자들의 시선을 끈다.

한가운데 주술사의 집처럼 신비로운 건물 하나가 눈에 띄었다. 알고 보니 갈리폴리에서 가장 오래된 약국이란다. 오랜 세월이 고스란히 드러나는 약국 내부를 두리번거리며 구경하는데 구석에 앉은 한 노인이 말을 건넨다.

– 이 약국은 수백 년이나 되었다오. 일본의 건축가가 펴낸 건축 관련 책에도 나온다지. 지붕을 한번 보시오.

그는 대대로 이 건물을 지키고 약국을 유지해온 것에 대해 큰 자부심을 느끼고 있었다. 그로 하여금 이탈리아 인들이 전통을 소중히 여기는 사람들이라는 걸 다시 한 번 느낀다.

파체 대로Via de Pace의 관광안내소에 들러 갈리폴리의 모든 숙소 정보가 들어 있는 책자를 하나 얻었다. 몇 군데 전화를 했지만 예약이 다 차거나 주인들이 여름휴가를 떠나거나 그도 아니면 아예 영어가 통하지 않는 경우가 대부분이었다. 낙심해서 광장의 그늘 아래 주저앉았다. 그때 무심코 펼친 가이드북의 한 숙소가 눈에 띄어 자포자기하는 심정으로 전화를 걸었다.

오랜 고생 끝에 찾아낸 숙소 인술라는 이탈리아 르네상스 시대 귀족들을 위한 대저택인 팔라초Palazzo를 그대로 활용한 B&BBed & Breakfast였

다. 라틴 어 '팔라티움Palatium'에서 파생된 '팔라초'는 로마 시대에 아우구스투스 황제가 팔라티노 언덕에 주거용 건물을 건축한 것에서 비롯된 말이다. 특히 르네상스 시대에 관청이나 왕족과 귀족, 부유한 시민의 대저택을 가리키는 말이 되면서, 피렌체, 베네치아 등 이탈리아 전역에 널리 퍼졌다. 육중한 현관문과 높은 천장, 우아한 가구, 깨끗하고 넓은 침실에 수놓아진 하얀 린넨 시트, 앤틱 스타일의 쾌적한 파스텔톤 응접실과 넓은 발코니는 감탄사를 자아낸다. 잠시 머무는 여행자 처지이지만 옛 저택의 귀족이 된 듯한 기분이 절로 든다. 뜨거운 태양 아래서의 고생이 인술라에 도착한 순간 사라졌다. 사실 인술라는 로마에서 최초로 지은 서

민형 아파트를 일컫는 말이다. 중세 귀족의 팔라초에 인술라라는 이름을 붙여놓은 것은 어찌 보면 아이러니다.

갈리폴리를 찾아오는 길이 힘겨웠나보다. 잠시 침대에 누웠다가 눈을 뜨니 벌써 저녁 7시가 가까운 시간이다. 서둘러 마을 한 바퀴 산책길에 나선다. 동그랗게 형성된 구시가는 사방이 바다에 둘러싸여 있고 바닷가 해안도로를 따라 온갖 기념품 가게, 식당, 와인 바, 젤라토 가게들로 활기가 넘친다. 골목길을 걷다보면 출렁거리는 바다가 보인다. 보트와 어선들이 정박해 있는 선착장은 한가롭고, 부드러운 모래의 아담한 해변은 평화롭다. 해안길은 바다보다 수십 미터 위에 있어서 해안도로를 따라 걸으면 이오니아 바다가 발밑에서 출렁거린다. 바다에는 요트들이 석양을 받으며 조용히 떠다니고 있고, 와인통을 테이블 삼아 그 위에 와인잔을 올려놓은 노천카페는 세련되진 않아도 운치가 넘친다. 황금빛 일몰이 지고 사위에 어둠이 내리면 촛불이 켜진 노천카페 테이블마다 연인과 가족들, 친구들이 모여 한가로운 수다를 꽃피운다. 그때 이오니아 바다 위로 달이 빛나기 시작한다.

베키아 다리를 가운데 두고 성 반대편에서는 생선 가게들이 싱싱한 해산물을 늘어놓고 손님들과 한참 흥정을 벌인다. 다리를 따라 다양한 노점상들이 죽 늘어서서 밤늦은 시간까지 각종 기념품, 액세서리들을 팔고 있는 풍경은 활기차다. 노랑, 빨강, 파랑 물감으로 물들여 말린 불가사리, 별자리를 그려 넣은 조개껍질, 해마와 닻, 물고기 모양의 기념품, 주방 수세미를 대신할 수 있는 바다의 스폰지Spugne de Mare 등 아기자기하고

ARIETE
CANCRO
SPUGNE
DI
MARE
5.00 €.

Città di GALLIPOLI

신기한 구경거리가 널려 있다. 손톱만 한 조개껍질로 만든 올빼미와 자라 모양의 기념품은 귀엽고 앙증맞다.

시간 가는 줄 모르고 구경을 하다가 바다를 향해 난 노천 레스토랑의 테이블 하나를 차지하고 앉았다. 상큼한 레몬 소다수 한 잔, 마르게리타 피자를 앞에 두고 갈리폴리의 밤을 즐긴다. 어느 재즈 바의 흐느적거리는 연주가 멀리서 들려온다. 바다는 잔잔했고 바람은 고요했다. 하늘에는 둥근 달이 떠올라 어두운 바다 위로 빛의 파편을 뿌렸다. 촛불이 켜진 테이블마다 사람들의 이야기 소리가 바다 위로 흘러갔다.

새벽 5시. 저절로 잠에서 깼다. 발코니로 달려가 바깥을 내다보니 하늘이 코발트빛이다. 바다 위로 어스름이 장막처럼 덮여 있었다. 새벽의 적막함이 흐르는 공간과 시간. 갈리폴리의 고요한 매력이 가슴을 울렸다. 어느 주택가에선 걷어 들이지 않은 빨래들이 골목을 휑하니 지나는 새벽바람에 잠시 너풀거렸다. 파도는 여전히 잠에서 깨어날 줄 몰랐다. 하늘을 나는 갈매기도 없다.

동쪽 해변인 콜롬보Colombo 대로에 이르렀을 무렵 차가운 이오니아 바다로 붉은 해가 떠오른다. 새벽 바다에서 홀로 고기잡이를 하는 어부가 힘차게 노를 저었다.

갈리폴리를 찾아가는 길은 비록 힘들고 고생스러울지도 모른다. 그러나 갈리폴리에서 머무는 시간은 편안함과 여유로움으로 가득 채워질 것이다. 사실 갈리폴리에는 특별한 관광 명소가 없다. 그저 남부의 태양을 만끽하며 해변에서 수영을 하고 선탠을 하며 바다를 즐기면 된다. 그러

다 지루해지면 기념품 가게들을 구경하며 중세의 흔적이 남아 있는 작은 마을을 골목골목 자유롭게 돌아다니고, 밤이 되면 해변의 노천카페에서 향기로운 와인을 즐기거나 상큼한 레몬 소다수와 함께 넓적한 피자 한 판 두둑하게 먹으며 이오니아의 달빛을 누리면 되는 곳이다. 남부 폴리아 사람들의 따스하고 넉넉한 미소와 함께.

가보기°

FSE 버스와 기차가 매일 1~2시간 간격으로 1대씩 레체에서 출발한다. 1시간 30분 내외로 소요된다.

맛보기°

일 지아르디노 세그레토 Il Giardino Segreto, 비밀의 정원

가족이 함께 운영해 순박한 분위기가 매력적이다. 토마토 치즈 파스타, 갈리폴리의 전통 납작 파스타, 문어 튀김, 올리브 오일에 버무린 브로콜리 요리가 인상적이다.

address 안토니에타 데 파체 거리 114번지 Via Antonietta De Pace, 114
telephone 083 3264430

머물기°

인술라 Insula Bed & Breakfast

르네상스 시대 귀족들의 대저택을 개조한 곳으로, 잠시나마 귀족이 된 듯한 호사를 누려볼 수 있다.

address 안토니에타 데 파체 거리 56번지 Via Antonietta De Pace, 56
telephone 083 3201413
url www.bbinsulagallipoli.it

들러보기°

야시장 산책

베키아 다리 근처의 야시장에 들러보자. 바다 느낌이 물씬 풍기는 기념품들과 다양한 생활 소품을 판매하는 노점상들이 길게 늘어서 있다.

납작 파스타

문어 튀김

인술라

세상 어디에도 없는 곳

마테라

Matera

폐허 같은 협곡을 따라 층층이 구멍이 뚫려 있는 수천 개의 동굴 거주지 사시.
그곳이 보여주는 엄숙한 전경에 자신도 모르게 압도당하는 곳, 마테라.

이탈리아 남부 바실리카타Basilicata 주 아펜니노 산맥의 깊은 계곡에 세상 어디에도 없는 신비로운 도시가 하나 숨어 있다. 이탈리아 소도시를 두루 여행해본 여행자들의 뇌리에도 일평생 지워지지 않을, 가장 강렬하고 충격적인 첫인상을 선사하는 곳은 단연코 이곳 마테라다. 마테라가 세상 그 어디에도 없는 매력적인 도시인 까닭은 다름 아닌 동굴 거주지, 사시Sassi 때문. 마테라가 둥지를 틀고 있는 그라비나 협곡 서쪽 기슭을 따라 신비로운 매력의 바위투성이 사시가 장관을 이루며 파노라마처럼 펼쳐진다. 폐허 같은 협곡을 따라 층층이 구멍이 뚫려 있는 수천 개의 사시가 보여주는 전경에 여행자는 자신도 모르게 압도당하고 만다. 그래서 누구나 이 도시를 처음 눈으로 목격하는 순간 자신도 모르게 '와' 하고 감탄사를 내뱉지 않을 수 없다.

암벽 가장자리에 세워진 역사 깊은 도시 마테라의 동굴들은 선사 시대부터 사람들이 기거했던 장소로 알려지고 있다. 그래서인지 골목길을 이따금씩 달리는 자동차만 없다면 마치 고대의 시간 속으로 갑자기 툭 떨어진 듯한 착각이 든다. 거친 협곡 사이 석회암 바위로 뒤덮인 지형은 도저히 인간의 삶을 위한 장소로는 보이지 않는다. 그럼에도 불구하고 인간들은 바위 협곡을 따라 3천여 개나 되는 벌집 같은 석회암 동굴 속 삶을 선택했다. 그 옛날 마테라의 삶은 척박하고 힘겨웠음에 틀림없다.

마테라는 지중해 지역에서 가장 뛰어나고 완전한 선사시대 동굴 거주지의 대표적 사례로 꼽혀, 1993년에 유네스코 세계 문화유산으로 등록이 되었다. 게다가 예수의 고난과 죽음을 성경의 고증을 통해 가장 사실적으로 조명한 영화 〈패션 오브 크라이스트〉의 촬영지로 알려지면서, 마테라의 놀라운 장관을 보기 위해 전 세계에서 여행자들이 끊임없이 몰려든다.

옛날부터 '육지의 외로운 섬'이라고 불려온 마테라는, 도착하기까지의 여정도 그 명성만큼이나 어렵다. 바리까지 국철을 이용한 뒤, 바리 중앙역을 나와 광장의 왼쪽 건물에 있는 사철 '페로비에 아풀로 루카네Ferrovie Appulo Lucane' 선으로 갈아타야 한다. 특이하게 건물 2층에 승강장이 위치한 이 열차는 객실이 1~2칸뿐이어서 마치 놀이동산에서 타는 장난감 열차 같은 느낌을 준다. 마테라를 향하는 여행자들의 한껏 들뜬 공기가 조그마한 객실을 가득 채웠다. 창문으로 쏟아지는 뜨거운 남부의 햇살을 살랑살랑 불어오는 바람으로 식혀가며 마테라에 대한 기대를 가슴에 품는다.

창밖은 온통 올리브밭 천지다. 유구한 세월 동안 남부의 모진 바람과 뜨거운 햇살을 버텨낸 올리브 나무들은 놀라울 정도로 멋지게 자라 있다. 분명 그 속에는 한 세기를 넘어선 시대의 변화를 목도한 나무들도 많을 것이다. 마테라에 가까워질수록 윤택한 땅은 울퉁불퉁한 암석들로 이루어진 협곡이 무작위로 늘어선 풍경으로 바뀌어간다.

마테라에서의 여정을 더욱 흥미진진하게 하려면 신시가의 일반적인 숙소보다는 구시가의 사시에 머물러봐야 한다. 지도상으로는 마테라 중앙역에서 사시가 밀집해 있는 구시가까지 상당히 가까워보이지만 가파른 언덕길과 구불구불한 골목들로 인해 제대로 길을 찾기란 쉽지 않다.

마테라 중앙역에 도착한 후, 여행자들에게 사시를 숙소로 제공하고 있는 B&B 델 카살레Del Casale에 전화를 걸었다. 주인장 부부는 중앙역에서 잠깐만 기다리라고 하더니 10분도 채 안 되어 차를 몰고 나타났다. 부드러운 미소와 친절한 응대에 마치 고향집에 들른 듯 마음이 편안해졌다.

신시가의 복잡한 도로를 요령 좋게 달리던 차가 어느 순간 가파른 언덕 아래로 질주하며 모퉁이를 돌던 순간, 무심코 창밖을 내다보다가 탄성을 질렀다. 언덕 건너편 협곡을 따라 수천 개의 사시가 파노라마처럼 단일한 회색톤으로 펼쳐져 있었다. 주인장은 그런 반응을 기다렸다는 듯 웃으며 말했다.

– 바로 이 지점이에요. 모퉁이를 돌면 모두들 감탄사를 내뱉곤 하지요. 사실 이 풍경에 익숙한 나도 볼 때마다 감탄해요. 오늘밤 당신은 바로 저곳, 사시에서 머물게 될 거예요. 기대해도 좋아요.

주인장 내외는 언덕 아래 사시 중심가 도로 한쪽에 차를 세우고, 얼핏 평범해 보이는 문을 열어 안으로 인도했다. 문을 열고 들어선 곳은 밖에서 볼 때와는 달리 무척 넓었다. 거실, 침실, 욕실, 부엌과 침실 안쪽의 넓은 공간들이 적절히 균형을 이루며 배치되어 있었다. 가만히 살펴보니, 입구에서 안쪽으로 들어갈수록 조금씩 좁아지는 동굴 형태다. 하지만 전기 배선이나 상하수도가 완벽하게 갖추어져 있고, 갖가지 가전제품들도 적절히 배치되어 생활하는 데 아무런 불편함이 없어 보였다. 지금

까지 묵어 본 숙소 중 아마도 가장 넓은 곳이라는 생각이 들었다.

사시로 통칭되는 구시가지는 크게 치비타Civita, 사소 카베오소Sasso Caveoso, 사소 바리사노Sasso Barisano, 세 지역으로 나뉜다. 치비타는 두 사소 지역 사이에 위치한 곳으로 처음 이 도시의 기초가 형성된 곳이다. 동굴Cave이란 말에서 유래한 사소 카베오소는 마테라의 남쪽 암석 언덕에 위치한 마을이다. 또한 바리로 향하는 길에 놓여 있어 '바리'라는 이름에서 유래한 사소 바리사노는 아직도 수많은 주민들이 실제로 살아가고 있다. 사소 바리사노의 가파른 돌계단을 따라 오르면 치비타 지역의 중심 두오모 성당이 웅장한 모습을 드러낸다. 그 성당 뒤 언덕으로 넘어가면, 사시 외곽도로가 나오고 그 아래로 그라비나Gravina 협곡이 길게 마테라를 감싸며 휘돌아나간다. 이 협곡 동굴에 인간이 거주하기 시작한 시기는 무려 기원전 8세기로 거슬러 올라간다.

포스테르골라 오 피스톨라 광장Piazza Postergola o Pistola에 서면, 협곡 너머 비탈진 언덕을 따라 선사 시대에 사람들이 거주했던 동굴 주거지가 군데군데 눈에 띈다. 오른쪽으로 시선을 돌리면 사소 카베오소의 전경이 펼쳐지고, 풍경의 하이라이트인 산 피에트로 카베오소 교회가 웅장한 모습을 드러낸다. 여행자들의 발걸음은 자연스럽게 산 피에트로 카베오소로 향한다. 교회 앞에서 바라보는 그라비나 협곡과 사시의 풍경은 여행자들의 숨을 멎게 할 정도로 장관이다.

산 피에트로 카베오소에서 조금 더 위쪽으로 발길을 돌리면 영화 〈패션 오브 크라이스트〉에서 예수가 십자가를 지고 힘겹게 올라가던 돌계단이 나온다. 작열하는 태양 아래에서는 그냥 걷기도 힘들 지경이다. 그래서인지 뜨거운 여름날 마테라의 동굴 교회나 돌계단을 걷다보면 마치 성경 속 예수가 살았던 2천 년 전으로 돌아간 듯한 착각도 든다.

사소 바리사노에 비해 덜 개발되고 약간은 황폐한 느낌을 주는 사소 카베오소는 고달픈 삶 속에서도 희망을 꿈꾸었을 이들의 맑은 영혼을 체험할 수 있는 곳이다. 사소 카베오소의 골목길을 걸어 오르면 국립 바실리카타 중세 현대 미술 박물관이 모습을 드러낸다. 그리고 박물관 옆 작은 광장인 피아체타 파스콜리Piazzetta Pascoli에 서면 사소 카베오소와 사소 바리사노, 그라비나 협곡이 한눈에 들어오는 멋진 전망을 볼 수 있다. 수많은 여행자들이 이곳에 서서 기념사진을 남기고 옛사람들이 남긴 치열한 삶의 흔적에 존경 어린 경탄을 한다. 이곳에서 코르소 대로Via del Corso를 거쳐 비토리오 베네토 광장Piazza Vittorio Veneto에 이르면 구시가지가 끝나고 화려한 신시가지가 시작된다.

해 질 무렵, 베네토 광장의 파노라마 전망대에 가만히 서본다. 언덕을 따라 펼쳐진 무수한 사시 위로 어스름이 내리는 풍경을 바라보노라면 왠지 모를 엄숙함이 깃든다. 그것은 분명 고단한 환경을 불굴의 의지로 극복해낸 마테라의 조상들에게 보내는 존경심 때문인지도 모른다.

캄캄한 어둠이 깃들다가 어느 순간 주황색 등불이 집집마다 켜지더니 거짓말처럼 두오모 성당 위로 보름달이 휘영청 떠올랐다. 문명의 이기보

다는 허공에 환하게 빛나는 달빛이 마테라의 밤풍경에 더욱 제격이라는 걸 그 순간의 풍경 앞에 선 사람이라면 누구나 수긍하게 된다.

사소 바리사노의 골목길을 걸어 내려오다가 문득 고개를 들었더니, 환한 보름달이 여전히 사시 위에 빛나고 있다. 그건 분명 고단한 삶 속에서도 결코 꺼트릴 수 없었던 마테라 사람들의 희망이었을 것이다. 마테라가 독수리 요새처럼 둥지를 틀고 있는 삭막한 무르지아 고원Murgia Plateau은 겉보기에는 인간이 살아가기에 너무나 척박한 땅이다. 하지만 이곳의 토질은 석회암이어서 쉽게 구멍을 뚫을 수 있었고, 공기가 접촉한 표면은 단단하게 굳어 인간이 살아갈 수 있는 공간이 되었다.

'어떤 먹구름도 그 안은 은빛으로 빛나고 있다'는 격언처럼 절망의 끝에는 언제나 희망이 있다. 마테라의 조상들은 먹구름 같은 절망 속에서도 포기하지 않고 바위 위에 경이로운 삶의 터전을 일구었다. 캄캄한 어둠이 몰려와도 그들처럼 희망의 끈을 꼭 붙잡아야 하지 않을까. 은은한 가로등 아래 사소 바리사노의 골목길을 걷는 마음 한구석에 한줄기 긍정의 빛이 환하게 비쳐들었다.

Travel Memo

가보기°

페로비에 아풀로 루카네Ferrovie Appulo-Lucane(telephone 083 5388192, url www.fal-srl.it)가 바리까지 정기적인 기차와 버스를 운행한다(1시간 30분 소요).
시타Sita 버스(telephone 083 5385007, url www.sitabus.it)와 마로치Marozzi 버스(telephone 06 2252147, url www.marozzivt.it)가 협력해 매일 시에나, 피렌체, 피사 구간을 운행한다.

맛보기°

오이 마리 Oi Mari

현지인들에게 인기 있는 사시 동굴 형태의 리스토란테이자 나폴리식 피체리아.
버팔로 치즈로 만든 칼초네 피자와 마르게리타 피자를 추천한다. 가격 대비 맛과 양이 뛰어나다.
address 피오렌티니 거리 66번지 Via Fiorentini, 66(사소 바리사노 지구)
telephone 083 5346121
url www.oimari.it

머물기°

산탄젤로 Sant'Angelo Luxury Resort

사소 카베오소 지구 중심에 위치한 사시 호텔. 사시 지구에서 최초로 별 5개를 획득한 숙소다. 전망이 환상적이며 고대 동굴 사시를 리모델링한 객실에서 아주 색다른 체험을 할 수 있다.
address 산 피에트로 카베오소 광장 Piazza San Pietro Caveoso
telephone 083 5314010

들러보기°

사소 카베오소 Sasso Caveoso **지구**

영화 〈패션 오브 크라이스트〉의 촬영지. 진정한 사시의 멋이 느껴지는 지역이다.
한번쯤 들러보는 것도 좋겠다.

칼초네 피자

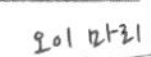

사시 숙소

두 얼굴의 도시

레체

Lecce

중세의 도시 레체를 여행하다보면
굽이굽이 흐르는 세월 속에 낡아간다는 것이
슬픔만은 아님을 저절로 느끼게 된다.

이탈리아의 '발뒤꿈치'에 해당하는 남부 풀리아 주는 넓은 평원으로 이루어져 있다. 열차를 타고 가다보면 창밖으로 풀리아 주의 평원을 따라 포도밭과 올리브 나무들이 자주 스쳐간다. 이 넓은 평원 한가운데, 화려한 바로크풍의 건축물이 도시 곳곳을 수놓고 있어 '바로크 피렌체'라 불리는 아름다운 도시 레체가 있다. 바로크Baroque는 원래 '이상한, 괴상야릇한'이란 뜻을 가지고 있듯이, 엄격한 형식과 비례, 조화, 법칙이 지배하던 르네상스 양식을 거부하고 17~18세기에 걸쳐 로마를 중심으로 이탈리아, 프랑스, 독일 등 유럽에서 유행한 화려한 건축 양식이다.

바로크 피렌체라는 명성에 큰 기대를 안고 레체로 들어선 여행자가 처음에 조금 당황하는 것도 무리는 아니다. 화려한 바로크풍의 도시라는 명성과 달리 환한 대낮에 보는 레체의 첫인상은 조금 낡은 느낌이다. 벽면에 붙어 있는 이정표들을 따라가다보면 저절로 구시가지 중심에 이르는데, 레체는 그제서야 조금씩 아름다운 모습을 드러낸다.

7월 말 이탈리아 남부의 더위는 유난히도 뜨거워 견디기 힘들 정도다. 웬만한 호텔이나 식당, 가게들은 바캉스 안내문을 붙여 놓고 짧게는 일주일에서 길게는 한 달을 쉬는 곳도 많다. 더위를 피해 모두가 사라진 거리는 골목마다 한적한 기운이 감돈다.

고풍스런 바로크풍 건물들 사이로 오랜 세월 사람들의 발길에 닳아 반들반들 윤이 나는 골목을 걷고 있자니 기분이 제법 상쾌하다. 유서 깊은 어느 도시나 그렇듯 레체 구시가 중심에는 드넓은 두오모 광장Piazza del Duomo이 자리를 잡고 있다. 그리고 제일 먼저, 주세페 짐발로Giuseppe Zimbalo의 걸작인 12세기 바로크 양식 성당과 68미터 높이의 종탑이 여행자들을 압도한다.

성당은 특이하게도 정문이 두 개나 있다. 하나는 광장 서쪽 끝에 있고 장식이 화려한 다른 하나는 광장을 마주보고 서 있다. 15세기 주교의 궁전Palazzo Vescovile과 18세기 세미나리오Seminario 건물이 광장을 감싸고 있다. 드넓은 광장에 서자 비로소 광활한 하늘이 보인다. 혼잡한 도시, 현대적인 건축물에 둘러싸여 살면서 땅만 바라보고 살아온 나날이 얼마나 오래되었는지, 광장 계단에 앉아 광장을 가득 채운 하늘을 바라보고 있으려니 마음이 한결 편안해진다.

낡은 바로크 도시 레체의 골목길로 뜨겁던 태양이 기울어간다. 골목길을 거닐다 보면 시간의 흐름 속에 다시 부활한 레체의 진정한 멋이 조금씩 느껴진다. 중세의 도시 레체를 여행하다보면 굽이굽이 흐르는 세월 속에 낡아간다는 것이 슬픔만은 아님을 저절로 느끼게 된다.

레체의 현지인들이 이구동성으로 추천하는 최고의 볼거리는 단연 산타 크로체 대성당Basilica di Santa Croce이다. 16~17세기에 걸쳐 주세페 짐발로와 그가 이끄는 예술가 집단이 건축물의 경지를 초월한 예술 작품을 완성하기 위해 엄청난 공을 들였다. 바로크 양식의 진수를 선보이듯 내부는 아름답고 화려하다. 금색으로 화려하게 장식한 천장에는 커다란 성화가 인간들을 내려다보듯 걸려 있고, 은은한 샹들리에와 유려하면서도

장중한 석주들이 지붕을 든든히 받치고 있다. 성당 내부는 화려한 장식을 좋아하지 않는 이마저 황홀하게 만든다.

더욱 놀라운 것은 대성당 전면부의 파케이드다. 그 옛날 석공들과 예술가들이 마치 찰흙을 주무르듯 온갖 장식과 부조를 섬세하게 조각해놓았다. 옅은 분홍빛을 가미한 현지 사암을 이용해 레체만의 화려한 바로크 스타일Barocco Leccese을 완성해냈다. 너무나 꼼꼼하고 치밀해서 어찌 보면 강박증까지 느껴질 정도다. 한계를 뛰어넘고자 땀 흘린 주세페 짐발로와 그의 제자들의 노력이 있었기에 이렇게 아름다운 건축물로 남을 수 있게 된 것이 아닐는지.

어스름이 사라지고 푸르스름한 저녁빛이 레체의 대기를 가득 채웠다. 올리브 오일, 포도주 산업 등이 발달한 레체는 도자기, 종이 공예로도 유명한 곳이다. 산타 크로체 대성당 가는 길인 움베르토 거리Via Umberto 주변에는 종이 공예 가게들이 자주 눈에 띈다. 그 중 한 곳인 보테가 델 피콜로 아르티잔토에 들렀다. 평범한 종이가 장인의 손을 거치면 화려하게 변신을 해 각자 개성을 가진 멋진 작품이 된다. 멀리서 보면 조각상 같은 이곳의 조형물도, 예쁜 그림 액자도, 질감이 느껴지는 장식물들도 모두 종이로 만들어졌다. 가게 주인이자 종이 공예 장인인 빈센초Vincenzo가 자랑스레 자신의 작품들을 보여준다.

– 가게 안에 있는 것들은 모두 다 내 손을 거쳐 종이로 만들어졌다오.

자신의 일에 대한 자부심을 가진 그의 당당함에 왠지 모를 부러움이

liberrima.it
la libreria all'ombra del barocco
Liberrima nel Cortile
enoteca e libreria sul gusto dei luoghi
Orchidee del Salento
VERSO SUD
IL CESTO LETTERARIO

느껴진다.

레체 수호성인 오론초Oronzo의 동상이 우뚝 서 있는 산토론초 광장에 저녁 어스름이 내리고 손톱만큼 작은 반달이 떠오른다. 광장 주변 난간이나 바닥에는 현지인과 여행자들이 뒤섞여 한여름밤의 수다를 늘어놓으며 아름다운 레체의 밤을 한껏 즐긴다.

광장에는 2세기 로마 원형극장이 거의 완벽하게 복구되어 있다. 1901년에 건설 인부들이 발견했다고 한다. 이탈리아는 모든 도시가 이런 역사의 재발견과 복구를 통해 그 명성과 아름다움을 더욱 빛내고 있다. 이런저런 상념에 빠진 여행자에게 이탈리아에 와 있음을 느끼게 해주는 요란한 스쿠터 소리가 골목을 달리며 깨운다.

구시가 한 모퉁이에 와인과 책을 함께 팔고 있는 서점이자 와인 가게인 리베리마Liberrima nel Cortile가 눈에 띄었다. 아치형 입구에는 색색의 조명이 세상과의 경계를 세우듯 별처럼, 꽃처럼 빛난다. 절묘한 조화로움에 감탄사가 절로 나온다. 아름다운 조명 속에서 한 소녀와 아버지는 나란히 앉아 책 속 이야기에 푹 빠져 들었다. 함께 앉아 책을 읽는 정겨운 모습에 오래도록 시선이 머문다.

밤이 깊어갈수록 레체는 낮과는 전혀 다른 도시가 되어간다. 아니, 완전히 탈바꿈한다. 한적했던 골목마다 노점상이 모여들고 한낮에는 조용하던 카페와 바에 노천 테이블들이 경쟁적으로 펼쳐진다. 밤이 되면 생기 넘치는 사람들로 더욱 북적이니 심지어 낮에 지나갔던 길을 못 알아볼 정도다. 레체의 밤을 겪어보지 않고 누가 감히 레체를 말할 수 있을까. 낡고 허름한 건물과 골목을 돌다 갑자기 화려한 바로크풍의 건물을 마주하게 되는 놀라움. 이런 예상치 못한 조우가 바로 레체의 매력이 아닐까.

밤거리 골목에서 조약돌과 수정을 이용해 아름다운 장신구를 만들어 파는 노점상 앞에 발길을 멈췄다.

– 장신구들이 예쁘네요.

그러자 싱긋 웃던 남자가 대답한다.

– 난 아르헨티나에서 왔어요. 지금 수개월째 이탈리아를 떠돌아다니고 있지요.

– 진정한 여행자로군요.

– 그냥 돌아다니는 것을 좋아하니까요. 레체가 좋아서 일주일 정도 더 있을 거예요.

– 그렇게 오랫동안 여행을 하면 힘들지 않나요?

– 자유롭잖아요. 여행만큼 좋은 게 또 어디 있어요. 언젠가 아르헨티나로 돌아가겠지만, 지금은 그냥 내키는 대로 돌아다닐 거예요. 난 지금 레체에서 충분히 자유롭고 행복해요.

그는 물건을 팔고자 하는 마음도 별로 없는 듯 오랜 친구를 만난 것처럼 편하게 자신에 대해 이야기한다. 레체는 그런 곳이다. 편하고 아름답

게 시간을 즐기고 여유를 즐길 수 있는 곳.

칠흑 같은 어둠이 레체의 거리에 내려앉을 즈음, 어둠 속에서 가녀린 빛줄기처럼 피아노 선율이 흘렀다. 맞은편 성당 계단에는 이미 그 선율에 마음을 빼앗긴 여행자 몇몇이 턱을 괴고 앉아 감상에 젖어 들었다. 바쁘던 마음도 잠시 무거운 짐을 벗고, 길 한가운데 멈추어 섰다. 어둠 속에서 연주자의 얼굴은 유난히 빛났고, 그의 손가락은 하얀 건반 위를 마음껏 유영했다. 갑자기 까르르 웃음소리가 들려 고개를 돌려 바라보았다. 엄마 손을 잡고 밤길을 가던 소녀가 피아노 선율에 맞추어 춤을 추었다. 모두가 가만히 소극적인 감상에 젖어 있을 때, 소녀는 마음껏 원을

돌고 깡총 뛰며 춤을 추었다. 그 아름다운 모습을 담으려 했지만, 마치 요정처럼 프레임에 잡히지 않았다. 소녀의 웃음, 음악의 기쁨을 카메라 프레임에 담을 수 없다는 사실에 셔터 위의 손가락에서 힘이 빠져나갈 때, 문득 지금껏 인생의 소중한 것들은 늘 그렇게 내 손에서 빠져나갔음을 상기했다. 소녀의 춤과 레체의 밤이 주는 묘한 여운을 느끼며 그 자리에 한참을 서 있었다. 그런데 갑자기 내 마음 속 깊숙한 곳 어딘가에서, 레체의 밤의 적막함 속 어딘가에서 귀를 기울여야만 들리는 작지만 단호한 소리가 들려왔다.

— 화려하게 인생을 살아야 해. 레체의 밤처럼, 바로크처럼!

Travel Memo

가보기°

기차가 편리하다. 바리에서 1시간 30분~2시간, 로마에서 5시간 30분~9시간, 나폴리에서 5시간 30분 소요된다.
버스 편은 갈리폴리에서 FSE 노선을 타면 토레 델 파르코 거리Via Torre del Parco까지 1시간이 걸린다.

맛보기°

트라토리아 디 논나 테티 Trattoria di Nonna Tetti
지역 특산품인 병아리콩이 들어간 굵은 면발의 남부 전통 파스타, 토마토 소스에 익힌 문어 요리가 맛있다.
address 피아제타 레지나 마리아 17번지 Piazzetta Regina Maria, 17
telephone 083 2246036

젤라테리아 나탈레 Gelateria Natale
레체 최고의 젤라토 가게. 젤라토 외에도 초콜릿 케이크, 트뤼플코코아를 바른 둥근 초콜릿 과자 등 다양한 케이크가 있다.
address 살바토레 트린케제 거리 7번지 Via Salvatore Trinchese, 7
telephone 083 2256060

머물기°

안티코벨베데레 B&B Lecce AnticoBelvedere
구시가 산토론초 광장Piazza Sant'Oronzo에 인접한 우아한 고대 주택을 개조한 깔끔한 시설의 B&B. 지하 방은 조금 습하니 지상의 방을 선택하는 편이 좋다. 근처 바에서 아침을 제공한다.
address 비녜스 거리 15번지 Via Vignes, 15
telephone 083 2307052
url www.beb-lecce.com

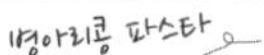
병아리콩 파스타

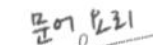
문어 요리

나탈레의 케이크

아주레타Azzurretta**와 첸트로 스토리코**Centro Storico

같은 건물에서 운영 중인 두 B&B. 〈론리 플래닛〉을 비롯 다수의 가이드북으로부터 추천을 받았다.

address 비녜스 거리 2번지 Via Vignes, 2

telephone 083 2242211(Azzurretta) | 083 224 2727(Centro Storico)

url www.bblecce.it (Azzurretta) | www.bedandbreakfast.lecce.it(Centro Storico)

둘러보기°

보테가 델 피콜로 아르티지아노 Bottega del Piccolo Artigiano

수제 종이 가면과 레체의 돌을 이용한 수공예품, 테라코타 그릇을 구입할 수 있는 가게.

address 움베르토 1세 거리 12번지 Via Umberto I, 12

telephone 083 2303712

리베리마 넬 코르틸레 Liberrima nel Cortile

와인과 책을 함께 팔고 있는 서점 겸 와인 가게. 리스토란테도 함께 운영한다.

address 코르테 디 치칼라 거리 1번지 Corte dei Cicala, n1

telephone 083 2242626

url www.liberrima.it

B&B 안내판

레체 골목

예쁜 파스타면

꿈의 도시

포시타노

Positano

포시타노를 바라보는 순간 당신은 첫눈에 반할 것이다.
포시타노를 떠나는 순간 당신은 그리워하게 될 것이다.

머무를 때는 정말 비현실적이지만 떠난 후에야 현실이 되는 꿈의 장소가 바로 포시타노다.

위와 같은 존 스타인벡John Steinbeck의 고백처럼, 이탈리아 남부 캄파니아 주 아말피 해안Costiera Amalfitana의 중심에 자리를 잡고 있는 포시타노는 이탈리아 여행을 계획하는 여행자라면 누구나 한번쯤 방문하기를 꿈꾸는 곳이다. 소렌토에서 아말피행 시타Sita 버스를 타고 왼쪽으로는 가파른 산등성이, 오른쪽으로는 기암절벽과 한없이 펼쳐지는 푸른빛 바다를 보고 있노라면 롤러코스터를 탄 것마냥 아찔하다. 창밖으로 펼쳐진 쪽빛 티레니아 바다를 뜨거운 여름 햇살을 한껏 받으며 항해 중인 요트들도 덩달아 시야에 들어온다.

포시타노는 16~17세기에 번성했던 아말피 공화국의 항구도시였다. 그러나 19세기 중반에 이르러서 도시의 위상이 추락하기 시작하자 주민의 절반이 머나먼 호주로 이민을 떠나버렸을 정도로 버림받은 마을이 되었다. 이후 20세기 초반까지는 그저 평범하고 가난한 어촌으로 근근이 명맥을 유지해왔다.

그러나 숨은 보석은 언젠가 빛을 발하기 마련이듯, 1950년대에 이르러 비로소 아말피 해안의 보석 포시타노는 수많은 여행자들의 관심과 사랑을 받기 시작했다. 그에 지대한 공헌을 한 사람이 바로 미국의 소설가

이자 노벨 문학상 수상자인 존 스타인벡이다. 그는 포시타노를 방문한 후 잡지 〈하퍼스 바자Haper's Bazaar〉에 포시타노에 관한 여행 에세이를 게재했다. 그 글에서 그는 포시타노를 꿈의 장소라고 표현할 정도로 포시타노에 깊이 매료되었고, 어느새 포시타노는 세계 각국에서 수많은 여행자들이 그의 뒤를 이어 찾아드는 이탈리아 남부 여행의 필수 코스가 되었다.

여름철이면 아말피 해안의 도시 이곳저곳을 찾아 헤매는 여행자들로 버스는 콩나물 시루처럼 만원이 된다. 가파른 산등성이를 따라 구불구불 이어진 도로는 군데군데 1차선으로 좁아지는 경우도 많아서 모퉁이를 돌 때는 마주 오는 차와 충돌하지 않을까 내심 걱정이 될 정도다. 버스 운전기사는 아무렇지도 않은 듯 무심하게 클랙슨을 울리며 빠른 속도로 그저 내달렸다. 버스가 급격하게 산모퉁이를 돌 때마다 펼쳐지는 해안 절경에 승객들은 비명과 감탄이 뒤섞인 탄성을 내질렀다. 아말피 해안 어느 마을에 사신다는 한 할머니는 버스가 모퉁이를 돌 때마다 '이제 정말 멋진 풍경이 나올 거야'라며 자랑스러운 표정으로 주위의 여행자들에게 여기저기를 가리키며 안내를 해준다. 버스가 혼잡해 짜증이 날 법도 하지만 수다스런 할머니마저도 왠지 모를 정감이 간다. 산비탈을 수없이 돌고 돌아 진이 빠질 무렵이 되면, 깎아지른 바위산 비탈을 따라 새하얀 집들이 정겹게 모여 있는 포시타노가 마침내 그림 같은 풍경을 펼쳐 보이며 등장한다.

버스 정류장은 포시타노의 서쪽과 동쪽, 두 군데에 위치해 있다. 소렌토에서 올 때는 마을 서쪽에 위치한 첫 번째 버스 정류장에서 정차하는데, 인터나치오날레 바Bar Internationale의 바로 맞은편이다. 꼭대기에 있어서 숙소를 구하거나 해변으로 가려면 가파른 언덕길을 한참 내려가야 한다. 동쪽에 비해 좀 더 소박하고 덜 붐비는 스피아지아 델 포르닐로Spiaggia del Fornillo 해변이 바로 이곳에 있다.

한적하게 포시타노를 즐기고 싶은 마음에 일단 숙소를 이곳에서 구했다. 워낙 유명한 휴양지인 탓에 숙박비를 포함한 물가는 전반적으로 다른 남부 도시에 비해 상당히 높은 편이다. 바다가 보이는 테라스 방은 추가 요금을 10유로나 더 내야 한다기에 그냥 마을 골목길이 보이는 방으로 결정했다.

언제나 숙소를 구하고 나면 여행자를 덮치는 건 허기다. 비싼 물가 탓에 선뜻 레스토랑에 들어가지 못하고 주저하다가, 화덕 피자를 굽고 있는 레스토랑 겸 피체리아 '사라체노 도로Saraceno d'Oro'를 발견하고 피자 한 판을 주문했다. 다른 메뉴들은 상당히 비쌌지만 피자의 원조 나폴리가

속한 캄파니아 주의 도시답게 피자 가격은 의외로 저렴하고 크기도 상당히 컸다. 화덕에서 갓 구워낸 마르게리타 피자는 허기 때문이 아니라 진정 맛이 좋았다.

여유롭게 구불구불 비탈진 골목길을 오르내리며 잠시 동네를 산책하고 돌아오니 어느새 어둠이 포시타노를 덮었고, 산비탈을 따라 집집마다 불빛이 새어나오기 시작했다. 펜션 복도 한쪽에 바다와 마을이 내려다보이는 공용 테라스가 있어 잠시 그곳에서 한여름밤의 포시타노를 감상하며 여유로운 낭만에 빠져본다. 잔잔한 바다 위로 점점이 떠 있는 보트, 산비탈을 따라 불을 밝힌 집, 산모퉁이를 돌아 저 멀리 붉게 빛나는 해변의 불빛. 어느새 테라스의 넓은 테이블 주위로 미국에서 온 젊은 여자 여행자 서너 명이 와인 잔을 기울이며 포시타노의 밤을 음미하고 있다. 수다를 떠는 그녀들의 목소리에서 한껏 고조된 낭만과 흥분이 느껴졌다. 간간이 터져 나오는 웃음소리가 테라스 아래 포시타노의 지붕들을 지나 저 멀리 티레니아 바다의 파도소리와 섞여 흩어졌다.

다음날은 아말피 해안을 둘러본 후 시타 버스를 타고 포시타노의 동쪽 버스 정류장에서 내렸다. 동쪽 정류장은 스피아지아 그란데Spiaggia Grande 지역인데, 이곳은 좀 더 화려한 포시타노의 중심가가 속한 지역이다. 세라믹 타일로 된 돔이 우뚝 솟은 산타 마리아 아순타 성당Chiesa di Santa Maria Assunta을 이정표 삼아, 도로를 천천히 따라 걸으며 바라보는 포시타노의 풍경은 말 그대로 한 폭의 예술 작품이다. 포시타노의 가장 포토제닉한 포인트인 그 길에 서면 복숭아색, 분홍빛, 적갈색이 메들리처럼 어우러

진 포시타노의 집들과 녹음이 우거진 산, 푸른 바다가 어울려 만드는 자연의 화음을 마음껏 감상할 수 있다. 보트와 요트들이 줄줄이 정박해 있는 그란데 해변은 시원한 여름 바다를 찾는 여행자를 철썩철썩 파도소리를 내며 부른다. 경사진 계단을 종종걸음으로 요리조리 한달음에 내달려도 숨이 그리 가쁘지 않다.

다양한 기념품 가게를 구경하다가 어떤 길로 가든 마주치게 되는 산타마리아 아순타 성당은 이탈리아산 도자기인 마졸리카Majolica 타일로 만들어진 두오모와 13세기 비잔틴 시대의 성상인 검은 마리아로 유명하다.

전설에 따르면, 비잔티움에서 이 성상을 훔친 해적들은 지중해를 가로질러 항해하다가 포시타노 맞은편 바다에서 거센 태풍을 맞게 되었다. 그때 겁에 질린 해적들에게 'Posa, Posa(내려놓아라, 내려놓아라)!'라는 목소리가 들렸다고 한다. 그 귀중한 성상은 결국 배에서 내려져 어촌 마을인 포시타노로 운반되었고, 그제서야 태풍이 잦아들었다고 한다. 목숨을 위해 해적들이 허겁지겁 발을 디뎠을 해변을 오늘날 여행자들은 여유로운 마음으로 거닐고 있다.

아말피 해안이 주로 기암절벽으로 이루어져 모래사장이 그리 많지 않은 것에 비해 그란데 해변은 그 이름만큼이나 꽤나 넓고 부드러운 모래사장이 펼쳐져 있다. 잠시 그란데 해변에 머물며 티레니아 바다에 몸을 담그고 더위를 식히고 있자니 세상의 여유로움을 독차지한 듯한 착각이 든다. 바다는 누구에게나 공평하게 시원한 파도와 아름다운 색채로 맞아주기에 바다를 바라보며 보내는 시간, 바닷속에서 누리는 한때는 포시타노에 머무는 시간들 중에서 가장 큰 즐거움을 선사한다. 포시타노 앞바다에서 파도를 따라 출렁거리는 작은 배들도 한껏 포시타노의 여유로움을 더해준다.

어느새 또다시 어둠이 포시타노를 뒤덮는다. 파도는 잠잠해지고 산등성이 집집마다 불이 켜졌다. 활기차고 열정적인 낮과는 완연히 다르게, 포시타노의 밤 풍경은 차분함이 감돈다. 시간의 여유가 있다면 그저 두 다리로 가파른 골목길과 계단을 느긋하게 거닐기만 해도 즐거운 곳이 바로 포시타노다. 만약 걷기가 힘들거나 여유가 없다면 포시타노의 주요 도로인 파시테아 거리Viale Pasitea, 콜롬보 거리Via Colombo, 마르코니 거리Via Marconi를 왕복 순환하는 오렌지색 버스를 이용하면 편리하다.

포시타노에서 최고로 전망이 좋은 동쪽 버스 정류장으로 자연스럽게 발길이 향했다. 마을 외곽으로 빠져나가는 동쪽 버스 정류장에 내려 불 밝힌 포시타노를 바라본다. 사실 비싼 물가로 인해 포시타노에 머무는 시간들이 존 스타인벡의 고백처럼 그렇게 꿈만 같지는 않았다. 하지만 눈앞에 펼쳐진 포시타노의 풍경을 바라보노라면 잠시나마 그런 차가운 현실은 사라진다. 눈길이 가는 곳마다 펼쳐지는 그림보다 아름다운 풍경, 그 어떤 작가의 사진보다 눈부신 풍경 앞에 백일몽을 꾸는 듯 황홀해지고 저절로 감탄사를 내뱉게 되는 곳, 포시타노. 그런 포시타노를 앞에 두고 고백하지 않을 수 없었다.

– 포시타노를 바라보는 순간 당신은 첫눈에 반하게 될 것이다. 그리고 포시타노를 떠나는 순간 당신은 그리워하게 될 것이다.

가보기°

시타SITA 버스가 빈번하게 아말피와 소렌토를 왕래한다. 아말피에서 40~50분, 소렌토에서 1시간이 소요된다. 4월에서 10월 사이에는 포시타노와 아말피(15분 소요), 소렌토, 나폴리, 카프리(45분 소요)를 오가는 페리선이 운행된다.

맛보기°

사라체노 도로 Saraceno d'Oro

다양한 여행 책자에 소개된 리스토란테 겸 피체리아. 화덕에서 갓 구워낸 피자는 가격도 저렴하고 맛도 일품이다.

address 파시테아 거리 254번지 Viale Pasitea, 254

telephone 089 812050

url www.saracenodoro.it

머물기°

펜시오네 마리아 루이사 Pensione Maria Luisa

포시타노 해안을 내려다보며 쉴 수 있는 전망 좋은 공용 테라스가 있다. 개인 테라스가 있는 방은 10~15유로 정도 더 비싸다.

address 포르닐로 거리 42번지 Via Fornillo, 42

telephone 089 875023

url www.pensionemarialuisa.com

해보기°

그란데 해안 산책

아말피 해안 티레니아 앞바다에 몸을 담그고 포시타노를 감상해본다. 또한 그란데 해변에서 해안을 따라 산책로가 나 있어, 여유롭게 산책을 하며 포지타노 마을을 한 바퀴 돌아볼 수 있다.

사라체노 도로

포시타노 기념품

티레니아 앞바다

세이렌의 노랫소리에 홀리는 곳

소렌토와 아말피

Sorrento & Amalfi

부서지는 파도소리를 음미하며 리모넬로 사탕을 하나 더 입안에 넣는다.
세이렌의 노랫소리에 홀려 오래도록 아말피를 바라보며 서 있었다.

세계 3대 미항, 나폴리를 수도로 삼고 있는 캄파니아 주는 '남부 이탈리아의 디바Diva'라고 칭송받을 만큼 여행자들에게 많은 사랑을 받고 있다. 하지만 천상의 아름다움과 견주는 아말피 해안은 20세기 초반까지만 해도 신비의 장막 속에 비밀스럽게 숨어 있던 곳이었다. 그러던 중 노벨 문학상 작가 스타인벡의 글을 통해 그 치명적인 매력이 세상에 알려지기 시작하면서 이탈리아를 찾는 여행자들에게 꿈의 휴양지이자 낭만의 대명사가 되었다. 그 아름다움을 공인하듯 〈내셔널 지오그래픽〉은 '죽기 전에 꼭 가봐야 할 곳' 1위로 아말피 해안을 선정했다. 산비탈을 따라 레몬 향을 가득 품은 숲들이 생명력이 넘치는 초록빛으로 빛나고, 깎아지는 듯한 절벽을 따라 중세풍의 빌라들이 옹기종기 모여 꿈같은 풍경이 펼쳐지는 곳, 아말피 해안. 해안길을 따라 여유로운 호흡으로 거닐어보지 않고 어찌 이탈리아를 제대로 여행했다고 할 수 있을까.

〈오 솔레미오O Sole Mio〉와 더불어 우리에게 잘 알려진 나폴리의 칸초네 〈돌아오라 소렌토로Torna a Surriento〉에서 노래한 소렌토는 아말피 여행의 출발점이다. 소렌토는 나폴리에 비하면 너무나 소박하고 작은 마을인데다 특별히 모래사장이 펼쳐진 해변도 없어서 어찌 보면 큰 매력이 느껴지는 곳은 아니다. 또 특별히 둘러보아야 할 관광 명소가 많은 곳도 아니다. 하지만 수많은 여행자들이 꼭 들르는 남부 여행의 필수 코스라는 점에서 분명 표현하기 힘든 묘한 매력이 있음에 틀림없다. 독일을 대표하는 문호 괴테, 영국 낭만파 시인 바이런과 미국을 대표하는 작가 롱펠로우 등 세계적인 대문호들과 파바로티 같은 유명 음악가들이 소렌토에서 영감을 얻어갔을 만큼 이곳은 예술가들에게 보석 같은 작품의 원천이 됐다. 실제로 소렌토는 나폴리, 폼페이, 카프리를 비롯한 아말피 해안의 주요 도시를 돌아보기에 좋은, 지리적으로 가장 매력적인 곳이다.

기차역에서 소렌토를 관통하는 큰 대로인 코르소 이탈리아Corso Italia를 따라 조금만 걸으면 타소 광장Piazza Tasso이 나온다. 그 광장에서 소렌토의 첸트로 스토리코Centro Storico, 구시가지 골목길이 거미줄처럼 펼쳐진다. 좁은 골목길을 따라 늘어선 다소 시끄러운 기념품 가게, 남부의 풍성한 과일 가게, 카페와 식당들이 부산스럽게 오가는 여행자의 발걸음을 붙잡는다. 대체로 이탈리아 남부에서 나는 과일과 야채들을 소재로 만든 기념품, 이곳의 축제와 삶을 주제로 한 다양한 인형, 여러 모양의 파스타, 각가지 형태의 술병에 담긴 이 지역 특산품인 레몬주, 리몬첼로Limoncello를 파는 가게들이다.

1905년부터 리몬첼로를 만들기 시작했다는 산 체사레오San Cesareo 거리의 전통 있는 가게 리모노로Limonoro에 들렀다.

– 캄파니아 땅의 소렌토 해안을 따라 처음 레몬이 심어진 때는 천 년 전으로 거슬러 올라가야 해요.

€.15,00

리모노로 여직원이 시음해보라며 미소 띤 얼굴로 리몬첼로 한 잔을 건네준다. 리몬첼로는 레몬처럼 샛노란 빛깔로 향이 무척 강한 술이다. 예상 외의 독한 맛에 조금 놀랐다. 그녀는 대수롭지 않은 듯한 표정으로 계속 말을 이어나갔다.

– 레몬이 이 소렌토 해안에 뿌리내린 뒤 무척 잘 자라서 이곳은 레몬을 위해 선택받은 땅이라는 게 증명되었지요.

부모들이 만들던 레몬주와 다양한 레몬 관련 특산품들을 이제는 그 후손들이 대를 이어 만드는 현장이 무척 보기 좋았다. 독한 리몬첼로에 가벼운 취기를 느끼며 소렌토의 골목을 이리저리 배회하다가, 시원한 바닷바람을 쐬기 위해 빌라 코뮤날레 공원Parco Villa Comunale으로 향했다.

공원에 들어서기 전 입구 오른쪽에는 소렌토에서 가장 아름다운 장소 중 하나로 손꼽히는 성 프란체스코 성당Chiesa di San Francesco이 여행자들의 발길을 기다리고 있다. 이 성당의 안뜰을 둘러싼 중세 회랑Cloister에 들어서자 바깥 소음은 사라지고 수도원처럼 고요한 정적만이 흘렀다. 중세 시대의 고요한 회랑은 이제 다양한 미술 작품이나 사진 전시회가 열리는 공간으로 새롭게 그 의미를 찾아가고 있었다. 때마침 우아한 회랑의 복도를 따라 전시된 초현실적인 회화와 사진 작품들이 여행자들의 시선을 끌었다. 중세의 공간과 현대 미술이 절묘하게 어울려 한층 고양된 예술적 향기를 발하는 현장이다.

회랑을 한 바퀴 돈 뒤 소렌토 앞바다로 바로 연결된 빌라 코뮤날레 공

원에 들어서자 남부 특유의 야자수가 싱싱하게 초록빛을 발하며 바닷바람에 흔들거렸다. 공원 난간에 기대서자 발밑으로 깎아지른 절벽 아래에 티레니아 바다가 눈부시게 빛난다. 명성에 비해 모래사장이 너무나 협소한 해변에는 원색 파라솔이 줄지어 늘어섰고, 파라솔마다 남부의 뜨거운 햇살에 몸을 내맡기고 선탠을 즐기는 휴양객들이 넘쳐났다. 모래사장이 모자라 바다 위까지 선탠을 할 수 있는 공간을 만들었고, 그 위에도 빈틈없이 휴양객들이 자리를 잡았다. 티레니아 바다에 몸을 담그고 독한 리몬첼로 한 잔을 들이켜며 칸초네 한 곡 들으면 지상낙원이 따로 없을 듯하다.

소렌토에 수많은 여행자들이 몰려드는 이유는 무엇일까. 그리스 신화에 따르면 신비로운 세이렌Seiren, 영어로는 Siren이 살았던 곳이 바로 이 소렌토 앞바다였다. 세이렌은 아름다운 여인의 몸에 물고기 꼬리를 한 인어人魚의 모습으로, 소렌토 앞 티레니아 바다를 항해하던 고대의 선원들은 세이렌의 아름다운 노래에 홀려 비극적인 최후를 맞았다고 한다. 고대 그리스 유랑시인 호메로스의 작품 〈율리시스〉에도, 율리시스가 그의 뱃사공들로 하여금 촛농으로 귀를 틀어막게 하고 자신은 돛대에 몸을 묶음으로써 세이렌의 유혹을 물리치고 무사히 바다를 건넜다는 기록이 있다.

오늘날 유명 커피 체인점인 스타벅스는 수많은 손님을 끌어들이겠다는 염원을 담아 브랜드 로고에 세이렌의 모습을 담고 있다. 아마도 매혹적인 세이렌의 노랫소리에 이끌려 수많은 여행자들이 자신도 모르게 소렌토의 바다로 몰려드는 건 아닐까.

그 옛날 세이렌이 살았던 바다 건너 아스라이 나폴리가 보이고, 그 너머

에 오래전 무서운 불기둥을 뿜어댔을 베수비우스 산이 혹시나 세이렌의 노랫소리에 미혹 당할지도 모를 여행자들을 경고하듯 위엄 있게 서 있다.

아름다운 소도시 아말피는 소렌토나 포시타노와는 색다른 매력을 가진 곳이다. 현재의 아말피는 인구 5천 명이 조금 넘는 작은 마을에 불과하지만, 과거 9세기부터 12세기까지는 베네치아, 제노바와 함께 지중해를 호령하던 해상 왕국이었다. 20분만 걸으면 마을을 한 바퀴 다 돌아볼 수 있을 정도로 작은 마을이 어찌 그리 큰 힘을 가질 수 있었을까. 9세기에 지어진 성 안드레아 대성당을 제외하고는 역사적인 건축물들도 생각보다 거의 없다. 화려한 역사에 비해 초라해 보이는 것은 1343년 대지진으로 도시와 전 주민이 바닷속으로 빠져버린 비극 때문이다. 그런 아픔을 딛고 오늘날 아름다운 꿈의 휴양도시로 거듭난 아말피에는 그 옛날 영화로웠던 해상 강국의 저력이 여전히 남아 있는 듯하다.

아말피 대로Via d'Amalfi를 따라 걸으면 과일 가게들이 샛노란 레몬을 가게 외벽에 주렁주렁 매달아 놓아 레몬 향기가 진하게 풍겨난다. 뜨거운 남부 햇살을 받고 자란 싱싱한 가지, 길쭉한 토마토, 새빨간 고추, 피망과 당근, 아이 키만 한 뱀오이가 가판을 가득 채운 풍경이 정겹기만 하다. 레몬 산지답게 레몬을 이용해 다양한 먹을거리를 만들어 파는 가게들이 많았는데, 그 중 하나인 초콜라토Cioccolatto에 들렀다. 주인장 안드레아가 맛보라며 레몬 껍질로 만든 스콜제테Scorzette를 건네준다. 상큼한 레몬 껍질과 달콤한 초콜릿이 어울려 묘한 맛을 낸다.

아말피의 대표적인 지역 특산품 리모넬로 사탕은 레몬향을 강하게 풍

기다가 사탕이 입안에서 깨지면 그 안에 들어 있던 독한 리몬첼로가 쓰디쓴 술맛을 낸다. 마치 달콤한 유년기를 지나 인생의 쓴맛을 배우는 어른이 되어가는 느낌이랄까. 작은 사탕 하나에도 인생의 희노애락이 담겨 있다는 생각이 든다. 리몬첼로의 여운을 느끼며 아말피 해안으로 발걸음을 옮긴다. 눈부신 태양 아래 푸른빛의 아말피 해변은 선탠을 즐기고 바다에 몸을 담그며 자유롭게 수영하는 휴양객들로 북적거렸다. 보트를 타고 먼 바다로 나가는 여행자들의 얼굴은 태양처럼 환하고, 원색의 파라솔 행렬은 열정적인 남부 특유의 활기를 느끼게 한다.

가파른 산비탈을 따라 병풍처럼 늘어선 집들, 우뚝 솟은 두오모의 종탑과 울창한 숲, 가파르게 봉우리가 솟은 라타리Lattari 산이 어울려 마치 신과 인간이 협력해 세상에서 가장 아름다운 걸작품을 만들어낸 듯하다.

어쩌면 세이렌은 소렌토나 아말피 도시 자체가 아니었을까? 바다를 항해하던 선원들이 아름다운 소렌토와 아말피에 매혹당해 차마 발길을 돌리지 못하고 영원히 이곳에 머무르게 되면서 전설이 시작된 것은 아닐까? 부서지는 파도 소리를 음미하며 리모넬로 사탕을 하나 더 입안에 넣고, 세이렌의 노랫소리에 홀려 발이 묶인 선원처럼 오래도록 아말피를 바라보며 서 있었다.

가보기°

나폴리에서 아말피 해안의 도시들을 이어주는 시타SITA 버스가 운행중이다. 1시간 20분 소요. 기차는 치르쿰베수비아나Circumvesuviana(telephone 081 7722444, url www.vesuviana.it) 열차가 폼페이를 경유해 나폴리와 소렌토를 잇는다. 소렌토와 아말피 구간은 시타 버스가 하루 최소한 11대 이상 운행하고 있고, 1시간 30분 소요된다.

맛보기°

란티카 트라토리아 1930 L'Antica Trattoria 1930(소렌토)

1930년부터 문을 연 소렌토의 대표적인 식당. 남부의 푸른 식물로 장식된 테라스와 각 방마다 다양한 테마별로 장식된 인테리어가 무척 우아하고 아름답다.

address 파드레 레지날도 줄리아니 거리 33번지 Via Padre Reginaldo Giuliani, 33

telephone 081 8071082

url www.lanticatrattoria.com

리모노로 Limonoro(소렌토)

레몬으로 만든 전통주 리몬첼로로 유명하다. 소렌토에서 가장 오랜 전통을 가진 가게.

address 산 체사레오 거리 49번지 Via San Cesareo, 49

telephone 081 8785348

url www.limonoro.it

초콜라토 안드레아 판사 Cioccolato Andrea Pansa(아말피)

다양한 초콜릿과 카카오 등 달콤한 먹을거리가 가득하다. 특히 남부의 오렌지, 레몬, 생강 등과 초콜릿으로 만든 스콜제테scorzette를 추천한다.

address 무니시피오 광장 12번지 Piazza Municipio, 12 telephone 089 873291

address 로렌초 다말피 거리 9번지 Via Lorenzo D'Amalfi, 9 telephone 089 873282

url www.andreapansa.it

란티카 트라토리아

스콜제테

리모첼로

우아한 선율이 흐르는 공중 정원

라벨로

Ravello

라벨로의 공기 속에서 가만히 눈을 감는다.
아말피 해안의 힘찬 테너와 바람의 고운 소프라노,
경쾌한 꽃들의 화음이 여행자들의 영혼을 감싸안는다.

라벨로는 아말피 해안에서 약 350미터 높은 곳에 우뚝 솟아 있어서 흔히 바다보다 하늘이 더 가까운 곳으로 묘사되는 곳이다. 눈이 부실 정도로 낭만적인 아름다움이 넘치고, 시적 영감을 불러일으키는 풍경을 보고만 있어도 이곳을 찾는 여행자들은 자신도 모르는 새 압도당하고 만다. '시인들이 죽음을 맞을 때 찾아오는 곳이 바로 라벨로다'라는 말이 전해져 올 만큼 라벨로는 예로부터 예술가들이 즐겨 찾는 산악 마을로 유명하다. 일찍이 독일의 작곡가 바그너Wagner는 라벨로에 은둔하며 이곳 정취에 취해 아름다운 오페라 〈파르지팔Parsifal〉을 작곡했다. 그런 인연으로 이곳에서는 해마다 바그너 음악 축제를 비롯해 3월부터 10월까지 라벨로의 아름다운 비경과 함께 음악의 향연이 펼쳐진다. 라벨로 뮤직 페스티벌은 이탈리아 전역에서 열리는 음악 축제 중 열 손가락 안에 꼽힌다고 하니 실로 마을 규모에 비해 그 명성이 대단하다. 사실 이탈리아 전역을 여행하는 동안 기차역 전광판마다 라벨로 뮤직 페스티벌을 소개하고 있어서 과연 라벨로가 어떤 곳일까 내심 궁금증을 이기지 못하고 직접 찾아나선 셈이다.

아말피 해안의 주요 도시를 운행하는 빨간색 관광버스가 해안도로를 따라 달렸다. 지붕이 없는 버스 2층에 타고 있던 여행자들은 상쾌한 바람을 느끼며 눈부신 아말피 해안에 넋을 잃고 감탄사를 연발했다. 관광버

스에서 나눠준 빨간색 이어폰을 좌석에 연결된 잭에 꽂는 순간 아름다운 선율이 흘러나왔다. 우아한 음악 사이로 여행자들의 감탄사가 간간히 추임새처럼 섞여들었다.

어느 순간 버스는 해안도로에서 산으로 급격히 방향을 틀었고 갑자기 가파르고 구불구불한 산길이 시작되었다. 여행자들의 얼굴에는 긴장감과 기대감이 반반 섞였다. '용의 계곡Valle del Dragone'이라 불리는 깊숙한 골짜기를 굽이굽이 돌 때마다 흔들리는 버스 좌우로 파노라마처럼 풍경이 펼쳐졌다. 여행자들은 바쁘게 카메라 셔터를 눌러댔다. 자리에서 일어나지 말라는 경고도 잊은 듯 캠코더를 들고 있던 한 아저씨는 자리에서 벌떡 일어섰다. 가파른 산비탈을 따라 계단식 포도밭이 지도의 등고선처럼 길게 곡선으로 늘어졌고, 오랜 세월이 느껴지는 마을들이 이따금 눈에 띄었다. 초록 숲길을 헤치며 빨강 버스가 곡예처럼 아슬아슬 달리면서 향한 곳은 바로 아말피 해안 깊은 산속에 위치한 음악의 도시Citta della Musica, 라벨로였다.

버스에서 내리자마자 드넓은 아말피 해안과 계단식 포도밭이 펼쳐진 풍경이 시선을 사로잡는다. 여행자들은 마을로 들어가지 못하고 그곳에서 기념사진을 남기느라 여념이 없다. 마을 입구에는 짧은 터널이 있는데, 터널 좌우 벽에 라벨로 음악 축제에서 공연을 한 유명 음악가들의 포스터가 끝없이 이어져 있다. 그중에는 우리나라의 지휘자 정명훈의 모습이 담긴 포스터가 있어 더욱 반가움을 더한다. 터널을 빠져나오면 정면에는 드넓은 광장이 펼쳐지고 왼쪽으로 빌라 루폴로Villa Rufolo, 오른쪽으로는 하얀 파케이드가 인상적인 두오모가 나온다.

라벨로는 독특한 도자기 공예로도 유명한데, 지중해 스타일의 화려한 색상과 디자인으로 꽃과 과일들을 수놓은 도자기들이 눈에 많이 띈다. 이탈리아 남부 해안의 따스함과 신화가 반영된 도자기들을 보고 있노라면 약동하는 힘과 열정이 느껴진다. 워낙 작은 마을이다 보니 도자기 공방과 소박한 기념품 가게들을 구경하며 걸으면 금세 마을의 끝에 이른다. 그 경계에 서면 저 멀리 산중턱에 계단식 포도밭과 포도밭을 둘러싼 올리브 나무들, 그리고 작은 산악 마을들이 그림처럼 펼쳐진다.

라벨로에는 두 개의 낭만적인 저택, 빌라 루폴로와 빌라 침브로네Villa Cimbrone가 바다를 굽어보는 높은 언덕 위에 공중 정원처럼 자리하고 있다. 교황과 샤를 1세가 머물렀던 곳으로 유명한 빌라 루폴로는 무어식 회랑과 투박한 석조 건물 그리고 아름다운 벨베데레 정원으로 유명하다. 무엇보다도 아름다운 바다와 아말피 해안 마을 전경이 펼쳐지는 곳이어서 라벨로의 관광 엽서에 단골로 등장한다. 바그너가 오페라 〈파르지팔〉을 작곡한 곳이 바로 이곳 빌라 루폴로다.

빌라 루폴로에서 동쪽으로 십여 분 좁은 골목길을 따라 걸어가면 라벨로 여행의 백미, 빌라 침브로네를 만날 수 있다. 1930년대 전설적인 여배우 그레타 가르보Greta Garbo가 사랑의 도피를 했던 곳이라고 전해질 만큼 낭만이 절로 샘솟는 곳이다.

매표소에서 표를 사면 제일 먼저 입구 맞은편의 아라비아 양식과 시칠리아 양식이 조화를 이룬 우아한 회랑이 부지런히 걸어온 여행자의

두 다리를 멈추게 한다. 햇살이 쏟아져 들어오는 회랑에 잠시 앉아 있자니 고요한 평화가 마음에 깃든다. 회랑에서 나오면, 이름 그대로 바다를 향해 끝없이 이어진 '무한의 대로Viale dell'Immenso'가 지평선 너머까지 올곧고 힘차게 이어지는데, 좌우뿐만 아니라 머리 위까지 꽃과 식물들로 온통 뒤덮여 마치 울창한 숲속을 거니는 듯한 착각이 든다. 햇빛조차 들지

못할 정도로 우거진 대로에는 달콤한 꽃향기가 맴돌고 있다. 그 길의 끝에는 '세레스 신전Templo de Ceres'이 우아한 돔 지붕을 이고 우뚝 서 있다.

수확의 여신 세레스 조각상 뒤에는 빌라 침브로네의 진정한 하이라이트라고 불러도 손색이 없는 '무한의 테라스Terrazza dell'Infinito'가 여행자들에게 평생토록 결코 잊지 못할 눈부신 풍경을 선물한다. 미국의 탁월한 역사 소설가 비달Gore Vidal은 '이 테라스에서 바라보는 풍경은 세상에서 가장 아름다운 파노라마다'라고 했다. 이 테라스에서 감탄사를 터트리지 않는 여행자는 이제껏 단 한 명도 없었다고 한다. 그리스풍의 우아한 조각상과 온갖 향기를 내뿜는 형형색색의 꽃들이 만개한 테라스에 기대어 하늘과 바다의 모호한 경계를 바라보고 있으면, 마치 천상에 올라 아름다운 지상 세계를 내려다보는 듯한 착각이 든다. 눈부신 아말피 해안과 바다, 계단식 포도밭, 올리브 나무, 초록의 숲 사이로 보이는 붉은 지붕들. 무한의 테라스는 분주하게 앞만 보고 달리는 사람들에게 인생의 쉼표와 여유를 선물한다.

빌라 침브로네 정원 곳곳에는 바쿠스 신전, 이브의 동굴, 머큐리 동상, 다비드 동상, 장미 테라스, 호르텐시아 대로 등 여유롭게 산책을 하며 사색할 수 있는 공간이 적절하게 배치되어 있다. 그 때문인지 정원 구석구석을 거니는 여행자들의 얼굴이 유난히도 밝다.

소렌토 산맥 한켠에 위치한 음악의 도시 라벨로는 휴양객들로 북적대는 아말피 해안의 소음과 공해에서 벗어날 수 있는 청량제와 같은 곳이다. 그래서인지 바그너와 리스트 같은 음악가뿐만 아니라 앙드레 지드,

버지니아 울프, D.H. 로렌스 같은 문학가들이 이곳을 찾아와 머물며 영감을 얻고 작품을 썼다. 라벨로의 구석구석을 더듬고 빌라 루폴로와 빌라 침브로네의 정원을 거닐어 보면, 바그너가 그 정취에 취해 아름다운 선율을 만들고 로렌스가 〈채털리 부인의 사랑L'Amante di lady Chatterley〉을 쓸 수밖에 없었다는 걸 누구나 절감할 수 있다.

라벨로는 그 어떤 그림보다 아름다운 곳이다. 어쩌면 마을 자체가 하나의 음악이고 노래일지도 모른다. 라벨로의 공기 속에서 바쁜 마음을 잠시 내려놓고 가만히 눈을 감으면, 아말피 해안의 힘찬 테너와 바람의 고운 소프라노, 경쾌한 꽃들의 화음이 여행자들의 영혼을 감싸안는다.

가보기°

시타SITA 버스가 아말피의 플라비오 조이아 광장Piazza Flavio Gioia의 동쪽에서 매시간 출발한다. 25분 소요된다.

맛보기°

니노스 피자 Nino's Pizza

라벨로 마을 외곽에 위치한 테이크아웃 피체리아로 현지인들에게 인기가 많다. 정해진 영업시간 외에는 문을 닫는다.

address 파르코 델라 리멤브란차 거리 3번지 Viale Parco della Rimembranza, 3

telephone 089 8586249

들러보기°

빌라 침브로네 Villa Cimbrone의 정원

산책하며 잠시 명상에 잠길 수 있는 정원이 아름답고 아늑하다(정원 입장료 7유로). 우아한 조각상들이 곳곳에 서 있는 테라스에서 내려다보는 아말피 해안이 절경이다. 빌라는 호텔로 운영 중이다.

address 산타 키아라 거리 26번지 Via Santa Chiara, 26

telephone 089 857459

open 9:00 ~ 일몰까지

url www.villacimbrone.com

라벨로 페스티벌 Ravello Festival

매년 여름철에 두 달 동안 집중적으로 오케스트라 연주, 체임버 음악회, 발레 공연, 영화 상영, 전시회 등이 계속 펼쳐진다. 6월 하순부터 8월 말까지 세계적인 수준의 연주와 공연을 마을 곳곳에서 볼 수 있다. 특히 빌라 루폴로Villa Rufolo와 콘벤토 디 산타 로사Convento di Santa Rosa에서 펼쳐지는 공연이 인상적이다. 빌라 루폴로에서 열리는 공연은 멀리 아말피 해안과 바다를 배경으로 환상적인 무대를 보여준다.

telephone 089 858360

url www.ravellofestival.com

다 니노

라벨로 페스티벌

도자기 공예

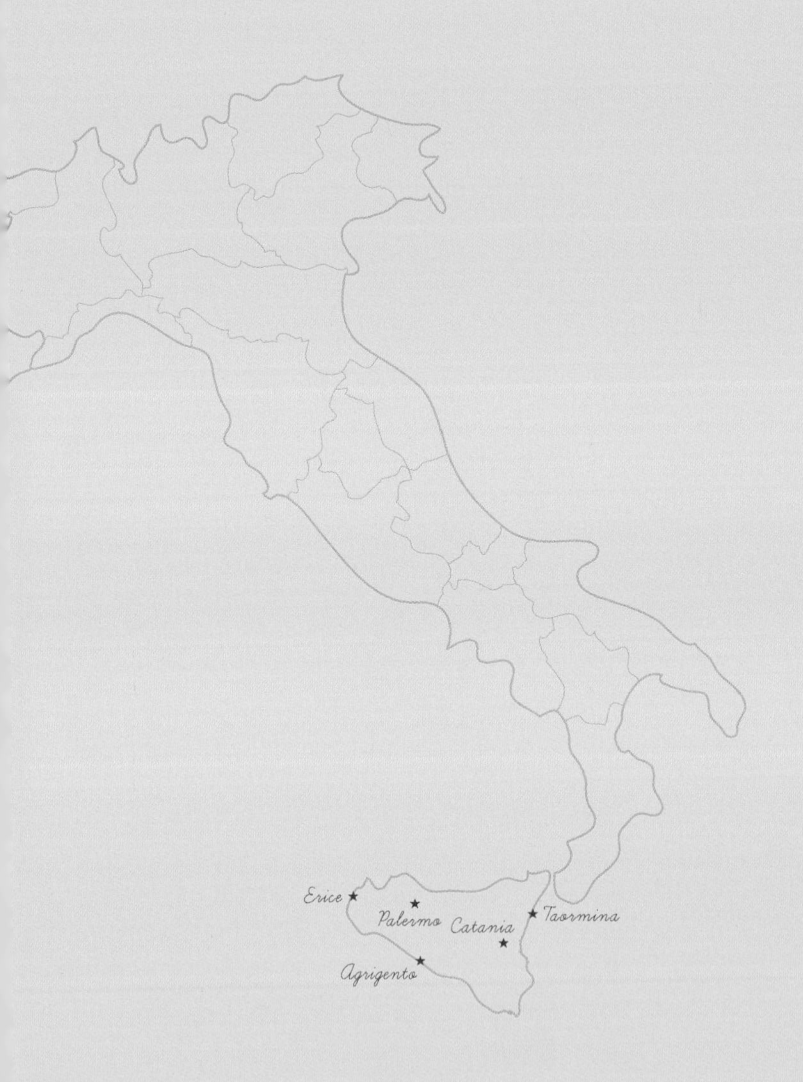
Erice
Palermo
Catania
Taormina
Agrigento

02

소도시 여행 시칠리아

타오르미나
카타니아
아그리젠토
에리체
팔레르모

시칠리아의 파라다이스

타오르미나

Taormina

고대 그리스 원형극장에 앉아,
무너진 무대 사이로
연기를 내뿜는 에트나 화산과 푸른 지중해를 바라볼 수 있는 곳,
그곳이 바로 타오르미나다.

시칠리아를 빼놓고 이탈리아를 완전히 이해한다는 건 불가능하다. 모든 것에 대한 열쇠를 찾을 수 있는 곳은 바로 이곳 시칠리아다.

– 괴테

타오르미나의 모든 것들은 마치 인간의 눈과 정신, 그리고 상상력을 유혹하려고 만들어진 것처럼 보인다.

– 모파상

시칠리아Sicilia 섬을 여행하다가, 관광객을 나귀에 태워주고 약간의 사례금을 받으며 살아가는 독특한 아랍풍 복장의 남자를 우연히 만났다. 이탈리아 사람인지 물었더니, 갑자기 정색하며 단호하게 대답했다.

– 난 이탈리아 인이 아니라 시칠리아 인이오!

그의 갑작스런 태도에 놀라지 않을 수 없었다. 그의 마음속에 담긴 강인함처럼 분명 시칠리아에는 이탈리아 본토와는 다른 공기가 흐르고 있다.

긴 장화처럼 생긴 이탈리아 본토가 톡 차고 있는 공의 모습을 한 시칠리아는 수많은 고대 문명의 교차로였다. 페니키아부터 카르타고, 그리스, 로마, 비잔틴, 아랍, 노르만, 아라곤 왕국Aragon에 이어 19세기 부르봉 왕조Bourbon까지, 화려했던 수많은 제국들이 역사의 소용돌이 속에서 이 섬을 거쳐갔다. 지중해의 그 어떤 섬보다도 파란 많은 역사를 안고 있는 섬, 시칠리아. 결과적으로 이 섬을 거쳐간 수많은 왕조들은 시칠리아의 풍부한 문화유산에 지대한 공헌을 했다. 비록 고난의 역사였지만 시칠리아의 정신은 결코 굴복당한 적이 없다고 시칠리아 인들은 말한다.

오늘날 지중해에 점점이 박혀 있는 섬들 중에 시칠리아만큼 크고 화려한 섬은 없다고 해도 과언이 아니다. 마피아의 본거지라는 오명으로 일부 여행자들은 꺼리기도 하지만, 이곳을 여행한 이들이 이구동성으로 추천하는 걸 보면 분명 놀라운 매력을 가진 곳임에 틀림없다.

이탈리아 본토에서 시칠리아로 넘어가려면 이탈리아 최남단의 빌라 산 조반니Villa San Giovanni로 가야 한다. 그곳에서 배를 타고 시칠리아 섬 북동쪽에 있는 항구 도시이자 지중해 해상 교통의 요지인 메시나Mesina로 들어간다. 메시나 해협을 건너다 보면 황금빛 골든 마돈나Golden Madonna가 여행자를 축복하며 빛나고 있다. 그런데 배를 타거나 내릴 때 여행자들은 놀라운 광경을 목격하게 된다. 본토를 달려온 기차가 통째로 고래처럼 입을 쫙 벌린 배에 들어가는 모습이다. 배는 기차를 통째로 실어 바다를 건너고, 다시 통째로 시칠리아에 내려놓는다. 빌라 산 지오반니에서 메시나까지는 40분 정도의 가까운 거리다.

메시나에 내려 시칠리아 땅을 밟자마자 누구나 반드시 들러보라고 추천하는 타오르미나로 향했다. 일찍이 독일의 대문호 괴테는 그의 유명한 기행문 〈이탈리아 기행〉에서 타오르미나의 아름다움을 묘사하며 '작은

VOS ET IPSAM CIVITATE
BENEDICIMUS

천국의 땅'이라고 표현했다. 괴테뿐만 아니라 뒤마, 클림트, 클레, 브람스, 모파상, D.H. 로렌스, 바그너 등 뛰어난 예술가와 유명 인사들에게 영감을 주고 혼돈스런 삶으로부터 도피처가 되어 준 곳이 바로 타오르미나였다.

지중해 바닷가에 인접한 기차역을 나와도 타오르미나는 보이지 않는다. 역 앞에서 인터버스를 타야 마법과 신화의 공기로 가득한 타우로 산Monte Tauro 언덕에 둥지를 틀고 있는 타오르미나에 닿을 수 있다. 버스가 구불구불하고 가파른 산길을 아슬아슬 곡예하듯 올라갈수록 창밖으로 펼쳐지는 풍경은 경이롭기만 하다. 때마침 지중해 너머 붉은 석양이 지고 있어 여행자들은 반쯤 넋이 나간 표정이다.

지중해 일대를 지배하던 비잔틴 제국이 시칠리아를 지배할 때 이 섬의 수도는 타오르미나였다. 타우로 산 중턱에 고요히 둥지를 틀고 있는 타오르미나는 고대 그리스부터 중세를 거쳐 현대에 이르기까지의 역사가 고스란히 담겨 있는 곳이다. 수많은 제국과 왕조가 거쳐간 타오르미나는 인간의 문명이 흥망성쇠를 반복한 역사의 무대이며, 말로 표현하기 힘든 풍부한 문화적 깊이가 골목마다 풍겨져 나온다. 험준한 산과 눈부신 바다를 곁에 두어 천혜의 요새였던 타오르미나는 지금도 시계탑Torre dell'Orologio이나 포르타 메시나Porta Messina, 포르타 카타니아Porta Catania, 다양한 성당과 팔라초 등 도시 곳곳에 역사의 흔적들이 남아 있다.

어느새 하늘은 칠흑같이 어두워졌지만, 중세의 거리를 거니는 사람들의 발길은 좀처럼 줄어들지 않는다. 타오르미나의 밤은 후줄근한 차림의 배낭여행자들과 저녁 만찬이나 콘서트에 참석하기 위해 정장을 멋지게 차려입은 휴양객들이 뒤섞여 약간은 소란스럽기까지 하다. 코르소 움베르토 거리를 따라 늘어선 화려한 가게들은 이탈리아 본토의 주요 도시보다 저렴한 가격으로 다양한 쇼핑을 즐길 수 있어서인지 활기가 넘친다. 특히 전형적인 시칠리아 특산품인 수제 세라믹이나 특산 와인, 우아한 골동품 가게와 먹을거리를 파는 식료품 가게, 세계적으로 유명한 가죽, 철, 목공예 가게들이 눈길을 사로잡는다. 진짜 과일처럼 생긴 마르자파네Marzapane와 시칠리아에서 꼭 빼놓지 말고 맛봐야 할 카놀로Cannolo와 토론치니Torroncini, 누가, 만돌라Mandorla, 아몬드, 과일과 벌꿀 등으로 만든 전통 과자들은 눈으로 보기에도 그 달콤함과 고소함이 느껴질 정도다.

달콤한 과자를 맛보며 오가는 사람들의 행렬에 파묻혔다. 그렇게 강물처럼 휩쓸려 가다보니 어느 순간 4월 9일 광장Piazza IX Aprile이 잔잔한 호수처럼 눈앞에 펼쳐졌다. 광장의 가로수는 마치 화려했던 시절을 회상하듯 붉은 꽃들을 활짝 피워냈다. 오랜 역사의 풍상을 겪어온 12세기의 시계탑은 이제는 전설과 신화가 되어버린 이야기들을 들려주려는 듯 견고하게 서 있다. 사각형의 광장에는 노천카페와 레스토랑이 줄지어 있고 바다를 향한 난간에는 여행자들이 나란히 몸을 기댄 채 바다를 하염없이 바라보고 있다. 그 난간에 서서 이오니아 해를 바라본다. 비단결처럼 부드럽게 쏟아져 내린 달빛이 거칠게 호흡하던 이오니아의 파도를 잠잠히 잠재우고, 바다 위에 정박해 둔 유람선과 보트는 평화로운 바다가 주는 안식을 누리고 있었다.

그때 한 남자의 노랫소리가 들려왔다. 소리가 들리는 쪽을 쳐다보니

광장 시계탑 아래 노천카페에서 흥겨운 노래판이 벌어지고 있었다. 베레모를 쓴 노인이 탬버린처럼 생긴 큰 타악기를 들고 마치 그리스 인 조르바처럼 신나게 노래를 부르고 있어, 그리스 인의 후예가 아닐까 하는 생각이 잠시 들 정도였다. 한껏 흥이 오른 그의 노래에 관중들도 박수를 보내고 추임새를 넣으며 분위기가 달아올랐다. 그때 갑자기 그가 노래를 멈추더니 물었다.

– 어디서 왔소?
– 한국에서 왔어요.
– 그럼 한국어로 'Let's take a break'를 어떻게 말하오?
– '잠시 쉴게요'라고 해요.
– 자, 여러분, 저 사람 나라말로 잠. 시. 쉬~, 아 뭐라구요?

그의 우스꽝스러운 말투에 모두가 웃음을 터뜨렸다. 그는 개구쟁이처럼 눈을 찡긋거리며 우렁찬 목소리로 말했다.

– 타오르미나가 마음에 드오? 진정한 시칠리아의 열정을 느껴보시오. 시칠리아는 위대하다오.

그의 노래가 다시 광장 구석구석까지 오래도록 울려퍼졌다.

이른 아침, 창문 커튼을 열자 햇살에 반짝이는 새파란 이오니아 바다가 얼른 나오라고 손짓한다. 아직 사람들이 없는 거리는 한적해 사색에 빠져 걷기에 좋았다. 사람들이 그렇게 붐비던 코르소 움베르토 거리에는 조깅을 하는 사람과 청소부 외에는 눈에 띄지 않았다. 시계탑이 있는 4월 9일 광장은 밤에 보던 풍경과는 달리 더욱 운치가 있었다. 유럽의 어느 도시가 타오르미나처럼 눈부신 바다가 시원스럽게 펼쳐지는 광장을 품고 있을까. 광장은 바다가 보이는 테라스라고 부르기에 적당했다.

그런데 광장을 둘러싼 낡은 성당 위로 먹구름이 스멀스멀 몰려들더니 갑자기 빗방울이 떨어지기 시작했다. 빗물에 촉촉이 젖은 타오르미나는 마치 고결한 여신처럼 우아한 아름다움이 넘쳤다. 일찍 문을 연 카페를 발견해 얼른 안으로 들어갔다. 에스프레소 한 잔을 들이켜며 조금은 몽롱한 정신을 깨웠다.

서서히 여신도 잠에서 깨어나기 시작했는지, 음울하던 하늘이 어느새 산책하기 좋은 화창한 날씨로 개었다. 타오르미나는 일 년 중 여덟 달이 수영, 윈드 서핑, 스쿠버다이빙, 요트 세일링 등 수상 스포츠와 일광욕을 즐길 수 있을 정도로 온화한 지중해성 기후를 자랑한다. 산중턱에 있다고 해서 바다에 다가가기 어려운 곳이 절대 아니다. 버스 터미널 근처에는 마차로Mazzaro 해변까지 바로 내려갈 수 있는 케이블카가 연중 운행되고 있어, 타오르미나를 찾아온 여행자는 주변 산길을 트레킹할 수 있고 마음이 내키면 케이블카를 타고 바다로 내려가 일광욕을 즐길 수도 있다.

타오르미나 여행에서 결코 빼놓지 말아야 할 곳이 있다면, 바로 그리스 원형극장이다. 기원전 395년에 세워진 완벽한 말편자 모양의 원형극장은 2천 년이 흐른 오늘날까지도 거의 원형 그대로 보존되어 있을 뿐만 아니라 매년 여름마다 다양한 공연이 펼쳐지는 현재 진행형의 무대이다. 고대 그리스의 폴리스Polis 중 하나였던 타오르미나에 모든 그리스 도시들이 당연히 가지고 있던 테아트레Theatre가 세워진 것은 당연한 일이었다. 고대 그리스 인들은 이 원형극장에서 소포클레스Sophocles, 에우리피데스Euripides, 아이스킬로스Aeschylus의 비극들과 아리스토파네스Aristophanes의 희극들을 공연하며 인생을 한탄하기도 하고 찬미하기도 했을 것이다. 푸른 시칠리아의 하늘 아래 그때나 지금이나 여전히 살아 숨쉬며 연기를 내뿜는 에트나Etna 화산과 눈부신 이오니아 바다를 무대 삼아, 고대 타오르미나 인들은 축제와 같은 시간들을 보냈을 것이다.

로마 인들은 그리스 인들이 세운 이 극장을 좀 더 확장하고 화려하게 개조했다. 이 극장은 원래 5천 4백 명이나 되는 관객을 수용할 수 있을 정도의 규모였다. 그러나 거친 역사 속 전쟁의 소용돌이 속에서 안타깝게도 무대 중앙의 10미터 정도의 공간이 소실되었다. 하지만 이 심각한 손실은 오히려 객석에 앉아 산 아래 굽이치는 이오니아 해안과 멀리 에트나 산을 바라볼 수 있는 최고의 전망을 제공해주어 원형극장을 더욱 매력적인 곳으로 만들었다.

이탈리아 인들은 유럽의 원형극장들 중 최고의 전망을 지닌 무대가 바로 이 그리스 원형극장이라고 자부하고 있다. 지금도 이탈리아의 가장 중요한 영화 행사인 '다비드 디 도나텔로David di Donatello' 시상식이 개최되고, 국제적인 축제인 타오르미나 예술제Taormina Arte가 펼쳐진다. 이 외에도 다양한 영화, 연극, 발레, 음악 공연이 펼쳐지는 타오르미나 원형극장은 자연과 인생, 예술이 하나로 어우러진 최고의 무대임을 그 현장에 서

보았던 여행자라면 누구나 동감할 것이다.

수천 년 전 고대 그리스 인들이 세운 원형극장의 카베아Cavea, 반원형 관람석에 앉아, 무너진 무대 사이로 연기를 내뿜는 에트나 화산과 푸른 지중해를 바라보며 문명과 자연의 하모니가 연출하는 최고의 화음을 감상할 수 있는 곳. 그곳이 바로 타오르미나다.

가보기°

본토에서 시칠리아 섬으로 넘어가기 위해서는 본토의 제일 아래쪽 칼라브리아 주Reggio di Calabria로 이동한 후 메시나 해협을 건너는 배를 타면 된다. 메시나에서 인터버스나 기차를 타고 타오르미나까지 이동할 수 있다(1시간 15분 소요). 타오르미나 기차역은 타우로 산 아래쪽에 있어서 기차역에서 버스를 타고 이동을 해야 한다. 차라리 메시나에서 인터버스를 타면 산 위의 타오르미나 구시가지까지 바로 올라갈 수 있다. 카타니아에서도 1시간 15분 소요.

인터버스Interbus **정보**

address 루이지 피란델로 거리 Via Luigi Pirandello telephone 094 2625301

맛보기°

비네리아 모디 Vineria Modi

모던한 시칠리아 전통 요리와 다양한 와인 리스트를 갖추고 있으며 현지인들에게 인기가 높다. 정어리 파스타와 다양한 해산물 요리를 먹어보자.

address 칼라피트룰리 거리 13번지 Via Calapitrulli 13, 98039 Taormina

telephone 094 223658 url www.vineriamodi.com

머물기°

호텔 인피에로 Hotel Innpiero

타오르미나 구시가 입구에 위치해 있다. 메시나 해협이 보이는 전망 좋은 방이 있고, 함께 운영되는 리스토란테에서는 시칠리아 전통 음식을 맛볼 수 있다.

address 루이지 피란델로 거리 20번지 Via Luigi Pirandello, 20

telephone 094 223139 url www.hotelinnpierotaormina.it

해보기°

타오르미나 원형극장 그레코 Tearo Greco

이탈리아의 원형극장 중 가장 전망이 좋은 타오르미나 원형극장에서 포토제닉한 사진을 찍어본다. 여름철 야외에서 공연을 감상하는 것도 좋다.

케미 바

시칠리아 전통 과자

타오르미나 기념품

화산의 도시

카타니아

Catania

Carpe diem, quam minimum credula postero.

현재를 즐겨라. 내일이란 말은 최소한만 믿어라.

카타니아 구시가의 중심 두오모 광장Piazza del Duomo은 그 광활함만큼이나 큰 부피의 적막감을 자아내고 있었다. 시칠리아 섬 남부의 중심지이자 팔레르모 다음으로 큰 도시인 카타니아는 그 명성에 비해 의외로 조용했고, 도시의 공기도 차분하게 가라앉아 있었다. 하지만 찬찬히 들여다보면 오랜 인고의 세월 동안 쌓아온 풍부한 문화유산이 거리 곳곳의 고풍스런 건축물에서 조용히, 그러나 카리스마를 풍기며 빛을 발하고 있음을 목격할 수 있다. 광장의 중심에는 이탈리아의 어느 도시에서도 볼 수 없는 코끼리 분수Fontana dell'Elefante가 시선을 끌어당긴다. 광장에 모인 시민들은 코끼리 분수 주변에 앉아 조용히 이야기를 나누었고, 간혹 오가는 여행자들은 낯선 코끼리 분수를 배경으로 기념사진을 찍으며 광장을 두리번거렸다.

기원전 8세기에 시작된 카타니아는 중세 시대 문화의 중심지로서 활짝 꽃을 피웠다. 하지만 수백 년 역사 동안 지진과 에트나 화산 폭발로 카타니아는 막대한 상처를 입어야만 했다. 용암과 화산재에 뒤덮인 횟수가 무려 7번이라고 한다. 도시 중심에 용암이 흘러들고, 화산재가 검은 장막을 드리우며 수없이 카타니아와 이곳 사람들을 절망과 파멸에 빠트렸다. 가장 심각한 피해를 입힌 화산 폭발은 1669년이었다. 이때의 폭발은 도시를 완전히 집어삼켰고, 1만 2천 명이 목숨을 잃었다. 하지만 남아 있는 자들은 오뚝이처럼 다시 도시를 일으켜 세워, 카타니아에는 다음과 같은 문구가 전해진다.

> 에트나 화산은 카타니아를 만들었고, 역사는 카타니아인들을 영웅으로 만들었다.

용암과 화산재 위에 재건된 도시라 그런지 카타니아의 건축물들은 어딘지 모르게 거무스름하다. 그러나 검고 칙칙한 색채를 한꺼풀 벗겨내고 속살을 들여다보면 진주처럼 우아하고 화려한 아름다움이 숨어 있다. 도시에는 다행스럽게도 18세기 바로크 양식의 화려한 건물들이 많이 남아 있다. 대부분의 아름다운 건축물들은 시칠리아 팔레르모 출신이자 바로크 양식의 대가인 바카리니Giovanni Vaccarini의 작품이다. 광장 한켠에 있는 그의 작품 코끼리 궁전Palazzo degli Elefanti은 현재 시청사로 사용되고 있다. 광장의 한 면을 차지하고 있는 아카타 대성당의 전면 파케이드도 그의 작품이다. 거무스름한 용암과 회색빛 석회암이 조화를 이룬 파케이드는 카타니아 특유의 바로크 양식으로 완성되었다. 이 화려한 바로크 양식의 대성당에는 로마 제국 시대에 순교한 이곳 출신 성녀, 아가타의 유물이 있다. 아가타는 카타니아의 수호성인으로 추앙받고 있다. 이러한 카타니아의 바로크 양식 건축물은 그 웅장함과 아름다움을 인정받아 유네스코가 지정한 세계 문화유산으로 등록되어 있다.

화려한 바로크 양식 건축물에 둘러싸인 두오모 광장 중심에는 코끼리 등 위에 이집트 오벨리스크가 우뚝 솟아 있는 코끼리 분수가 있다. 코끼

리는 카타니아의 상징이기도 하다. 분수를 가만히 살펴보다가 재미있는 점이 눈에 띄었다. 입꼬리가 올라가 있는 코끼리의 표정을 보니 분명 미소를 짓고 있는 듯하다. 사람들은 이 분수의 코끼리가 지금도 무시무시한 연기를 쉴 새 없이 내뿜는 에트나 화산을 진정시키는 마법의 힘을 소유하고 있다고 믿는다. 지난 역사 속에서 이들의 잠재의식 속에는 언제 또 뜨거운 용암과 검은 화산재로 자신의 운명을 불태우며 검은 장막을 드리울지 모를 에트나 화산에 대한 두려움이 숨죽이고 있을 것이다. 그런 불안함 때문에 코끼리의 천진난만한 미소를 보며 마음의 평안을 얻지 않았을까. 그래서 카타니아 사람들은 이 코끼리를 무척이나 사랑한다. 여행자들 또한 자신도 모르게 코끼리를 바라보며 미소를 짓게 된다.

저녁이 되고 광장에 어둠이 내리자 삼삼오오 거리로 나온 동네 할아버지들이 코끼리 분수 주변에 앉아 두런두런 얘기를 나눈다. 한창 아름다운 청춘을 보내고 있는 젊은이들은 분수 앞에서 연인을 기다린다. 코끼리 분수에서 퍼져나간 평안의 기운이 카타니아 구시가 골목골목으로 고요히, 그러나 끊임없이 퍼져나가고 있음을 느낄 수 있다.

두오모 광장에서 멀지 않은 곳에 자리 잡은 낡은 아고라 호스텔Agora Hostel에서 운영하는 아고라 바Agora Bar, 2018년 현재 영업 종료는 지역 젊은이들이 몰려들어 왁자지껄 소란스러운 밤을 보내는 카타니아의 명소다. 로마 인들이 한때 온천으로 사용했던 이 바는 지하 18미터 아래 자리 잡고 있다. 지하에는 강이 흘러 그 특이함 때문에 카타니아 여행자들의 필수 코스가 되었다.

저녁이 되자 호스텔 앞 광장은 젊은이들이 몰려들고, 테이블로 가득 채워졌다. 낮에는 휴화산처럼 조용하던 카타니아는 밤이 되자 젊음의 열기로 활화산처럼 불타올랐다.

코끼리의 미소 때문이었을까. 좁은 숙소에 대한 불만과 바의 소란스러움으로 인한 뒤척임도 잠시, 이내 깊은 잠에 빠져들었다. 그날 밤, 검은색 코끼리를 타고 붉은 용암이 들끓는 에트나 화산을 배회하는 꿈을 꾸었다.

이른 아침, 가장 먼저 코가 의식을 찾았다. 좀 더 정확히 표현하자면 창문을 타고 들어온 구수한 냄새가 깊은 무의식을 깨웠다. 왠지 익숙한 듯한 그 냄새는 곧이어 뱃속의 허기를 자극했다. 자리를 털고 일어나 주섬주섬 옷을 챙겨 입고는 도대체 어디서 풍겨오는 걸까 하는 궁금증을 안고 냄새를 따라 카타니아의 아침 골목길로 나섰다.

호스텔 주변 나우마키아 거리Via Naumachia는 이미 시장 상인들의 활기찬 목소리로 가득했다. 차분하고 조용하던 첫날과는 너무나 대조적인 풍경이어서 조금은 생경한 느낌마저 들었다. 원색의 싱싱한 과일들과 온갖 채소, 말린 토마토, 절인 올리브, 빨간 후추, 검은 후추, 하얀 후추, 녹색 후추 등 색색의 향료, 다진 고기 사이에 치즈를 넣은 트라메치니Tramezzini, 피스타치오나 가지를 곁들여 양념을 해서 꼬치에 꽂아 파는 고기 롤Involtini di Carne, 우리나라의 젓갈처럼 유리병에 담긴 멸치 필레Filetti di Acciughe Sott'olio, 각종 치즈와 싱싱한 육류들이 골목길마다 잔뜩 펼쳐져 있다.

시장 풍경은 언제나 활기차고 재미있다. 트럭에서 싱싱한 수박을 내리기 위해 서로 호흡을 맞추는 두 남자의 모습이 흥겹다. 특히 파르도 거

FILETTI..DI
ACCIUGHE
SOTT'OLIO
1.20

Acciughe
1.70
ACCIUGHE
1.50
L'ETTO

FRESCHE
€ 8,00

리Via Pardo의 어시장La Pescheria은 더욱 활기가 넘친다. 커다란 참치를 적당한 크기로 잘라내는 남자에게서는 장인의 기품마저 느껴졌다. 그렇게 시장 골목을 배회하다가 이른 아침 단잠을 깨웠던 냄새가 더욱 강렬해지는 걸 느꼈다. 그건 바로 놀랍게도 오븐에 푹 익힌 양파구이Cipolle 냄새였다. 시칠리아 인들은 이 양파구이를 무척이나 좋아하나보다. 나이 지긋한 주인은 연신 가게를 들락거리며 이제 막 오븐에서 꺼내 뜨끈뜨끈한 양파구이를 한 판씩 도로 앞 매대에 진열하고 있었다. 하나에 0.5유로밖에 하지 않아 부담 없이 양파구이 하나와 치즈를 얹어 구운 가지구이를 하나 샀다. 토마토와 치즈를 사서 아침식사로 가볍게 카프레제를 직접 만들어 먹을 요량이었다. 곧바로 치즈 파는 가게를 찾아갔다.

"카프레제용 치즈 주세요!" 하고 외치자마자 짙은 눈썹을 지닌 호남형의 주인장은 말릴 틈도 없이 빠른 손길로 토마토를 탁탁탁 썰고 모차렐라 치즈를 뚝뚝뚝 적당한 크기로 잘라 올리브 오일과 톡 쏘는 민트향의 허브, 오레가노까지 듬뿍 뿌린다. 그러고는 금세 일회용 그릇에 완성된 카프레제를 담아 쑤욱 내밀고는 호감어린 미소를 보낸다. 가격은 예상보다 비싼 7유로였다. 일반적인 모차렐라 치즈보다 좀 더 하얗고 묽은 치즈로 만들어진 카프레제를 먹은 기억이 나서 카프레제용 치즈를 주문한 건데, 그는 아예 카프레제를 만들어줬다. 카타니아에서는 카프레제에 이런 종류의 모차렐라를 쓰나 보다.

시장에서 이것저것 장본 것들을 들고 호스텔로 돌아왔다. 접시에 카프레제와 구운 양파, 가지를 담고 시장에서 산 빵 몇 조각을 키친 테이블 위에 놓으니 여느 레스토랑이 부럽지 않다. 카프레제는 말할 것도 없고 단잠을 깨웠던 양파구이는 특히 그 맛이 일품이었다. 카프레제에 들어간 치즈는 만일 식당에서 사 먹는다면 적어도 세 접시 이상 나올 정도의 많은 양이었다. 문어나 홍합을 사서 삶아먹지 못한 게 조금은 아쉽지만 카타니아에서 제일 즐거운 식사였다.

카타니아를 찾아온 여행자들에게 화려한 바로크 양식의 건축물들과 두오모 광장, 로마 시대의 다양한 유적들은 물론 매력이겠지만, 이곳을 찾는 여행자에게 가장 매력적인 볼거리는 다른 어느 곳에서도 보기 힘든 활기찬 아침 풍경임에 틀림없다. 파르도 거리의 어시장과 나우마키아 거리의 식료품 시장이 만드는 활기는 오랜 역사 동안 역경을 극복해온 카타니아 인들의 저력에서 나온 당연한 결과이리라.

과거 수많은 에트나 화산 분출이 가져다준 쓰라린 상처와 또 언제 화산이 그들의 생명을 앗아갈지 모르는 불안한 미래 속에서 살아가는 카타니아 인들. 그들의 고통은 말로 다할 수 없겠지만, 화산재는 카타니아의 대지로 하여금 비옥한 땅으로 거듭나게 만들었다. 특히 포도 나무 성장에 최적의 땅으로 변화시켜 카타니아산 와인은 그 어느 지역보다 명성이 높다.

생명의 불길로 인해 지금도 뜨거운 심장처럼 꿈틀거리는 에트나 화산 기슭에 자리 잡은 카타니아는 카타니아 인들에게 불운임과 동시에 행운이기도 하다. 그들은 에트나 화산이 가져다준 불행을 코끼리의 미소처럼 희망으로 바꾸고, 검은 화산재가 가져다준 대지의 비옥함을 진정으로 감사하며 현재를 활기차게 살아간다. 거칠고 쾌활한 카타니아 인들이 가장 억세게 붙잡고 살아가는 격언은 바로 고대 로마의 시인 호라티우스 Horatius의 〈오데스〉 1장 11절의 구절이다.

Carpe diem, quam minimum credula postero.

현재를 즐겨라, 내일이란 말은 최소한만 믿어라.

가보기°

시칠리아 섬 안에서의 이동은 기차보다는 버스가 더 현명한 선택이다. 인터버스Interbus가 타오르미나 노선을 운행한다. 1시간 15분 소요.

address 다미코 거리 187번지 Via d'Amico, 187 telephone 095 532716 url www.interbus.it

사이스SAIS 노선은 아그리젠토, 메시나, 그리고 로마 노선을 운행한다. 아그리젠토까지 3시간, 메시나까지 1시간 30분 소요. 로마까지는 야간버스로 12시간 소요.

address 다미코 거리 181번지 Via d'Amico, 181 telephone 095 536168

url www.saisautolinee.it

맛보기°

로얄 체레스 리스토란테 Royal Ceres Ristorante

두오모 광장에서 멀지 않은 곳에 위치한 해산물 리스토란테.

address S.쥐세프 알 두오모 거리 17/19/21번지 Via S.Guiseppe al Duomo, 17/19/21

telephone 095 7152294

해보기°

에트나 화산 투어

카타니아 시내 여행사에서 에트나 화산을 테마로 한 다양한 투어 상품들을 판매하고 있다. 모닝 투어, 선셋 투어, 와인 투어 등 다양한 패키지 상품들이 있으니 자신의 일정과 관심에 따라 선택하면 된다.

address 쥐세페 베르디 거리 155번지 Via Giuseppe Verdi, 155 Catania

telephone 095 7237 554

url www.etnasicilytouring.com

들러보기°

카타니아 시장

어시장La Pescheria은 파드로 거리Via Pardo에서 오전 5~11시에 열린다.

식료품 시장 나우마키아 거리Via Naumachia에서 오전 8~9시, 오후 6~7시에 열린다.

어시장

식료품 시장

양파구이 치폴로

신전의 계곡

아그리젠토

Agrigento

신화는 잊혀져가는 과거의 이야기만은 아니다.
적어도 아그리젠토에서는 그 모든 신화와 기적 같은 사랑이야기가
사실일 수도 있겠다는 어렴풋한 믿음이 솟는다.

기원전 8세기경, 고대 그리스 인들은 기근과 인구 과잉으로 인해 고국을 떠나 흑해 동부 해안이나 마실리아지금의 프랑스 마르세유, 이탈리아 남부와 시칠리아 등지에 정착하게 되었다. 이로 인해 이탈리아 남부와 시칠리아 일대의 마테라, 메타폰토, 카푸아, 네아폴리스나폴리, 시라쿠사, 아크라가스, 시바리스, 바리 등 여러 신생 도시들이 매우 부유하고 강력해졌다. 로마 인들은 그리스 인들이 특히 많이 거주했던 이탈리아 남부와 시칠리아 지역을 마그나 그라이키아Magna Graecia, 대 그리스라고 불렀다. 마그나 그라이키아의 영향으로 이탈리아에는 오늘날까지 약 3만 명의 그리코 어Griko, 고대 도리아와 비잔티움 그리스 어, 이탈리아 어의 요소를 결합한 언어 사용자 집단이 칼라브리아와 아풀리아 지역에 분포하고 있다.

마그나 그라이키아의 영화로운 유적이 잘 보존되어 마치 그리스의 도시처럼 느껴지는 곳이 바로 아그리젠토라틴명은 아그리겐툼Agrigentum다. 오늘날 아그리젠토는 '신전의 계곡Valle dei Templi'으로 대표되는 풍부한 유적 덕분에 시칠리아 섬뿐만 아니라 그리스 본토의 그 어느 곳보다도 높은 고고학적 명성으로 여행자들을 끌어들이고 있다. 고대 그리스의 서정시인 핀다로스Pindaros는 아그리젠토의 아름다움을 서정시로 읊었다.

아크라가스의 사람들은 영원을 위해 창조되었다네.

하지만 그들은 마치 내일이 없는 것처럼 축제를 벌였네.

아그리젠토에서 태어난 고대 철학자 엠피도클레스Empedocles는 세상의 모든 만물은 바람·불·물·흙 등 4개의 원소로 이루어졌으며, 이 4개의 원소는 사랑과 미움이란 신성한 두 힘에 의해 분리, 결합하여 만물이 생성하고 소멸된다고 생각했다. 그는 60세의 나이에 영원의 신과 더 가까워지기 위해 신들이 산다고 믿은 에트나 화산의 화염 속으로 몸을 던졌다. 신에 대한 열망과 현실이 공존하는 도시가 바로 아그리젠토가 아닐까.

반면 아그리젠토는 1인당 국민소득 기준, 이탈리아에서 가장 가난한 도시 중 하나로 밀수와 조직범죄, 특히 마피아와 연관된 부정적인 이미지를 안고 있는 곳이기도 하다. 그래서인지 로셀리 광장Piazza Rosselli에서 버스를 내렸을 때에는 살짝 긴장감마저 감돌았다.

이제 신전의 계곡을 찾아나설 때다. 마르코니 광장 한켠에 있는 타바키에서 버스표를 구입하고 정류장을 찾아보니 보이지 않는다. 정류장 표지판이 없어 광장 정면 도로변에서 두리번거리는데 옆에 서 있던 중년 커플이 친절히 알려 준다. 알고 보니 그들도 네덜란드에서 온 관광객이란다. 미소가 서로 닮은 커플이다.

금세 1번 버스가 왔고 디오니소스처럼 술에 취한 듯 비틀거리는 한 노인이 버스에 올라탔다. 버스는 가파르고 구불구불한 내리막길을 익숙한 듯 좌우로 움직이며 내달렸다. 10분 정도 지났을까. 묻지도 않았는데 버스 기사는 신전의 계곡에 도착했다며 알려 준다. 술에 취한 듯한 노인은 계속 버스 기사와 이야기를 나누며 내리지 않았다.

오르막으로 경사진 입구를 한참 걸어올라갔다. 그 길의 끝에 기원전

5세기에 건설되었지만 아직도 원형 그대로인 콘코르디아 신전Tempio della Concordia이 웅장한 모습으로 여행자를 압도하며 서 있었다. 이곳에서는 이탈리아 현대 미술의 거장들의 전시회가 열리고 있었다. 한때 가장 거대한 도리아식 성전이었으나 지금은 무너진 돌무더기일 뿐인 '제우스 성전' 재건을 위한 현대 미술 전시회였다. 고대 신전과 아크로폴리스 곳곳에 에밀리오 그레코Emilio Greco, 페트리지아 구에레시Patrizia Guerresi, 자코모 만추Giacomo Manzu 등 이탈리아 현대 작가들의 작품을 자연스럽게 배치했다. 이질적인 듯하면서도 시공을 초월한 묘한 조화로움이 여행자의 마음을 붙들었다. 특히 프란체스코 메시나Francesco Messina가 50년 넘게 흰 대리석으로 여인의 나신을 빚어놓은 세기의 걸작 '비앙카Bianca'는 마치

수천 년 전부터 이 신전에 존재했던 여신처럼 당당하면서도 위엄이 넘쳤다. 신전의 기둥 사이로 저 멀리 지중해의 푸른 바다가 어렴풋이 보였다. 새삼 고대 문명의 위대함, 그 강인한 힘과 예술의 어울림을 느낄 수 있었다.

뜨거운 여름 햇살은 예상보다 강렬하고 눈부셨다. 올리브 나무 아래에 잠시 주저앉아 콘코르디아 신전과 계곡 너머 하얗게 빛나는 도시 아그리젠토를 하염없이 바라본다. 뒤를 돌아보면 초록의 올리브 나무와 붉은 황토 너머 지중해가 햇살에 빛나고 있다.

다시 기운을 내 나무 사이로 먼지가 풀썩이는 황토길을 걸어가다 보면 우아하면서도 장중한 도리아식 원주들이 우뚝 솟아 있는 헤라 여신의 신전Tempio di Giunone이 맞아준다. 결혼을 축하하기 위해 사용된 신전이다. 지

붕이나 벽면의 대부분은 화재로 소실되었다. 하지만 남아 있는 수십 개의 도리아식 원주들은 여전히 찬란했던 옛 문명의 자취를 고요한 웅장함으로 말한다. 과거의 영화로움을 회상하듯 햇살이 조용히 신전 기둥 위로 쏟아졌다.

영국군의 고위 장교였던 알렉산더 하드캐슬 경Sir Alexander Hardcastle은 고고학에 대한 열정이 대단한 인물이었다. 그는 영국을 떠나 이곳 아그리젠토 신전의 계곡에 빌라 아우레아Villa Aurea를 짓고 고대 그리스 유적을 발굴하고 재건하는 데 자신의 모든 재산과 열정을 쏟아 부었다. 그로 말미암아 무너졌던 헤라클레스 신전의 장중한 8개의 기둥도 다시 신전의 계곡에 우뚝 서게 되었다.

신전의 계곡을 지키던 과거 영화롭고 장엄했던 7개의 고대 신전들은 역사의 풍파 속에서 어떤 것은 거의 완전한 형태로, 어떤 것은 거대한 원주들만 솟구친 채, 또 어떤 것은 무너진 돌무더기로 남아 있다. 신전의 계곡은 자타가 공인하는 아그리젠토 최고의 고고학적 유물이며, 마그나 그라이키아의 예술과 건축의 정수를 보여주는 유적이다. 이 놀라운 유적들은 현재의 아그리젠토를 조망할 수 있는 맞은편 계곡에서 지중해를 바라보며 우뚝 솟아 있다. 어찌 보면 고대의 문명과 현대의 도시가 계곡을 사이에 두고, 팽팽한 긴장감을 조성하며 아름다움을 경쟁하는 듯한 형세다. 계곡에 서서 고개를 왼쪽으로 돌리면 현대의 도시가 건너편 언덕 위에 솟아 있고, 오른쪽으로 돌리면 수천 년 유구한 세월의 풍상을 묵묵히 견뎌낸 고대의 신전들이 천공에 솟아 있다. 이 놀라운 역사의 간극, 문명의 대조, 시공의 초월을 어떤 말로 설명하고 표현할 수 있을까. 신전의

계곡에 서면, 길어야 1세기를 살아가는 인간은 수천 년 문명과 역사의 흐름 앞에서 티끌 같은 존재에 불과하다는 걸 깨닫고 겸허히 옷깃을 여미게 된다.

신전의 계곡에서 돌아와 아그리젠토 구시가지 아테네아 거리Via Atenea를 돌아다녔다. 그런 뒤 소박한 피체리아 미리아나Miriana에서 조각 피자로 저녁을 해결한 후 호텔로 돌아와 로비에 앉아 지친 하루를 달래고 있었다. 그때 턱수염을 덥수룩하게 기른 중년의 남자가 말을 걸어왔다. 캐나다에서 여행을 온 데니스라고 자신을 소개한 그는 여자친구와 함께 자동차를 렌트해 시칠리아 섬을 일주하고 있단다.

– 사실 내 여자친구는 슬로바키아 인이에요. 그녀와 20대 때 만난 뒤로 26년 만에 다시 기적처럼 만나게 됐어요. 이제야 서로가 소울 메이트라는 걸 깨달았달까요?

마치 신화를 엿듣는 듯한 기분이었다. 26년이란 세월의 간극, 캐나다와 슬로바키아의 거리, 그리고 아그리젠토의 별 두 개짜리 호텔 로비에서 이루어진 한 남자의 사랑 고백은 메말랐던 가슴 한 켠을 흔들었다.

사랑은 20대만의 전유물이 아니다. 신화 역시 잊혀져가는 과거의 이야기가 아니다. 적어도 아그리젠토에서만은 그 모든 신화와 기적 같은 사랑 이야기가 사실일 수도 있겠다는 어렴풋한 믿음이 솟아났다. 짧은 시간이었지만, 데니스와는 서로 마음이 통하는 친구가 될 수 있었다. 우리는 힘찬 악수를 나누었다. 분명 어디선가 또 만날 것 같다는 생각이 들었다.

아그리젠토를 떠나기 전, 이곳 시민들이 엄지손가락을 치켜세우며 추천하는 젤라테리아, 레 쿠스피디Le Cuspidi로 향했다. 시칠리아가 주산지인 레몬과 피스타치오가 섞인 젤라토를 고른 뒤 푸른 지중해가 아련히 보이는 테라스 의자에 앉았다. 그러고는 피스타치오의 깊은 맛에 빠져들었다. 마치 신화 같은 사랑에 빠지듯이.

가보기°

아그리젠토에 가는 가장 편한 수단은 버스다. 버스 정거장은 로셀리 광장에 있다. 아우토세르비치 카밀레리Autoservizi Camilleri (telephone 092 2596490)는 팔레르모행 노선을 운행하며, 2시간이 소요된다. 사이스SAIS (telephone 092 229324)는 카타니아 노선을 운행하며 3시간이 소요된다. 신전의 계곡은 구시가와 거리가 좀 떨어져 있다. 1, 2, 3번 버스가 신전의 계곡으로 간다.

맛보기°

라 시칠리아 인 보카 La Sicilia in Bocca

현지인들에게 인기 있는 소박한 식당. 주메뉴는 지중해와 시칠리아 요리다.

address 루이지 피란델로 거리 6번지 Via Luigi Pirandello, 6 telephone 320 8160774

레 쿠스피디 Le Cuspidi

현지인들이 즐겨찾는 최고의 젤라테리아로, 피스타치오 맛을 적극 추천한다.

address 카부르 광장 19번지 Piazza Cavour, 19 telephone 092 2595914

머물기°

호텔 아미치 Hotel Amici

기차역 바로 앞에 위치해 있으며, 신전의 계곡행 버스가 호텔 앞 골목에 정차해 편리하다.
시설이 깔끔하고 친절한 편이다.

address 아크로네 거리 5번지 Via Acrone, 5

telephone 092 2402831

안티카 페를라 레지던스 호텔 Antica Perla Residence Hotel

지중해의 일몰을 보며 바다를 즐길 수 있는 별 4개짜리 호텔이다. 신전의 계곡에서 4km 거리에 있고, 아그리젠토 구시가지와는 거리가 좀 떨어져 있다. 야외 수영장도 있다.

address 파라그 거리 98번지 Via Farag, 98 Lido Cannatello

telephone 092 2416167 url www.anticaperla.com

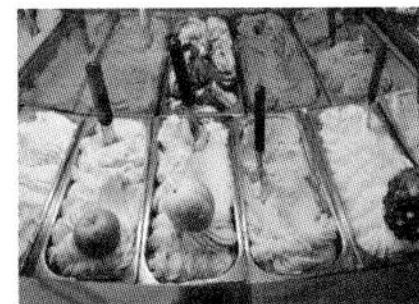

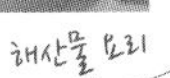

해산물 요리

젤라토

전통 과자 카놀로

비너스의 키스

에리체

Erice

신비로운 구름이 서풍을 타고 에리체의 중세 골목을 따라 몰려들었다.
마치 특수효과처럼, 노래하는 이들과 환호하는 이들,
노천카페의 사람들을 감싸안았다가 광장 한켠으로 사라졌다.

시칠리아의 동쪽 해안에 타오르미나가 있다면 서쪽 해안에는 에리체가 있다. 중세풍의 아름다운 두 도시는 공통적으로 가파른 산 위에 독수리 요새처럼 둥지를 틀고 있어 더욱 매력적이다. 해발 750미터의 산 정상에 위치한 에리체에 가려면 서쪽 해안의 항구 도시이자 이탈리아 최고의 염전이 있는 도시, 트라파니Trapani를 거쳐야 한다. 석양이 질 무렵, 트라파니 버스 터미널에서 막차를 탔다. 트라파니 시내와 외곽을 이리저리 지루하게 돌던 버스가 마침내 구불구불한 산길을 따라 달리기 시작했다. 창밖으로는 가로등 불빛에 아련히 빛나는 트라파니와 저 멀리 붉은 노을에 타오르는 티레니아 바다가 그저 감탄사만을 새어나오게 한다.

에리체는 중세 유럽의 축소판이다. 대리석으로 포장된 중세의 골목길과 회색빛 돌로 건설된 성벽과 성당 그리고 중세의 집들은 소박하고 고요하다. 마치 수도승들이 사는 산중 수도원 같은 느낌이다. 기원전 1200년경 터키 아나톨리아Anatolia에서 트라파니 일대의 서부 시칠리아에 정착하기 위해 흘러들어온 고대 엘림 족이 건설한 에리체는 페니키아, 카르타고, 로마의 지배를 차례로 받았다. 또한 아랍 세력이 유럽 본토로 진출하기 위한 중요한 발판이 되는 곳이기도 했다. 그후 노르만 족의 지배를 받으며 몬테 산 줄리아노Monte San Giuliano라고 불리기도 했다. 고요한 산중 작은 도시가 의외로 역사의 풍파를 수없이 겪어왔다니, 새삼 에리체의 고요함 속에 깃든 비장함이 가슴에 와닿는다.

늘 산을 감싸고 이동하는 구름 장막, 신비한 기운이 담긴 안개와 바람, 주변의 평야 지대에서 홀로 우뚝 솟은 에리체는 예로부터 신성한 영토로 여겨졌다. 거대한 역사의 파도 속에서 다양한 문명이 이곳을 거쳐 갔고, 각각의 문화마다 그 이름은 달랐지만 이 신성한 땅에서 풍요와 축복의 여신에 대한 기원과 믿음은 동일했나보다.

에리체의 가장 높은 곳에는 비너스 신전의 유적이 보존되어 있다. 제사가 행해지던 성소와 고대의 성벽, 비너스의 우물과 온천이 생생하게 남아 있다. 이곳에서 페니키아 인들은 아스타르테Astarte를, 그리스 인들은 아프로디테Aphrodite를, 로마 인들은 비너스Venus를 섬기며 풍요와 축복을 기원했다. 12세기에 '비너스 성Castello di Venere'으로 신전의 이름이 바뀌며, 신화의 시대가 끝나고 세속 권력의 시대가 시작되었다.

비너스 성 건너편에는 동화 속에 등장할 법한 페폴리 성Torretta Pepoli이 마주보고 서 있다. 이 두 성에서 바라보는 전망은 숨이 멎을 정도로 아름답다. 낮에는 가슴을 탁 트이게 하는 시원스런 풍경이, 동트는 새벽이나 해 질 녘에는 트라파니와 티레니아 바다를 감싼 놀라운 빛의 조화에 그 자리에 선 여행자는 누구나 탄성을 내지르거나 카메라 셔터를 마구 눌러대느라 여념이 없다. 비탈진 언덕 아래로 또아리를 튼 뱀처럼 구불구불한 길이 끊어질 듯 말 듯 트라파니로 이어지고, 트라파니의 사각형 염전에 내리쬐는 햇살을 피해 눈을 돌리면 푸르른 티레니아 바다가 눈동자를 시원하게 씻어준다. 밤이면 또 어떤가. 트라파니의 불빛과 하늘에 반짝이는 별빛이 서로를 애타게 부르듯 총총 반짝인다.

밤 12시가 다 되어가는데도 문을 열고 있는 기념품 가게들이 꽤 눈에 띈다. 이탈리아의 다른 도시에서는 볼 수 없는 풍경이다. 가게 중에 재미있는 기념품과 자신의 그림을 함께 팔고 있는 예술가 겸 주인 프란체스코를 만났다. 흰 수염을 길게 기르고 광대처럼 작은 모자를 쓴 그는 낯선 동양 여행자가 반가웠던지 짧은 영어로 가게 안으로 불러들였다. 그리고는 자신의 작품들을 보여주며 행복한 미소를 지었다. 비록 작은 기념품 가게를 운영하고 있지만 그는 진정으로 행복하고 즐거워보였다.

그가 잠깐 기다리라고 하더니 조카들에게 줄 만한 장난감 몇 개를 골라와 선뜻 건넸다. 천진난만한 그의 미소와 호의에 차마 사양치 못하고 받아들었다. 그는 더욱 행복한 웃음을 지으며 '아미코Amico, 친구'를 연신 외친다. 가끔은 외롭기도 한 여행자의 마음은 그로 인해 따스해졌다.

이른 새벽녘 아무도 없는 중세의 골목길을 걸으면 신화가 떠오른다. 신화에 따르면 포세이돈과 아프로디테의 아들인 에릭스가 이 도시를 건설했다고 한다. 어느날 에릭스는 이곳을 방문한 헤라클레스와 한판 승부를 벌이게 되었고, 이 싸움에서 헤라클레스에게 패했다. 그리하여 헤라클레스는 자신의 후손에게 에리체를 넘겨준다는 약속을 에릭스로부터 받아냈다. 그 후 스파르타의 왕자 도리에우스Dorieus가 이 전설에 기초해 자신이 후손임을 주장하며 에리체를 공격했지만, 카르타고 인과 엘림 족에게 패했다고 한다. 전설과 역사가 자연스럽게 어우러진다.

에리체는 종종 안개와 구름의 소용돌이 속으로 사라지기도 한다. 지역 주민들은 에리체를 감싸 뒤덮는 이 구름을 '비너스의 키스'라고 부른다. 얼마나 아름다운 표현인가. 내심 설레는 마음으로 비너스의 키스를 기대

Via V. Emanuele, 14 - Tel. 869
ERICE (TP)
Mastaccioli - Amaretti
Dolci in conserva
SPECIALITA' DOLCI ERICINI
MONTE ERICE

했으나, 비너스는 늦잠을 자는지 아침해가 중천에 올라갈 때까지 하늘은 구름 한 점 없이 맑기만 하다.

고대 비너스 신전이 있던 에리체의 가장 높은 곳에는 오늘날 새로운 문명의 신들에게 바쳐진 조형물들이 있다. 거대한 통신 기둥들이 옛 중세 도시의 아름다운 스카이라인을 질투하듯 방해하고 있어 아쉬움이 들기도 한다.

에리체의 골목길은 꽃향기와 과일향이 가득이다. 하지만 에리체의 대기 속에 깃든 향기는 그뿐만이 아니다. 시트론 잼으로 채워지고 설탕 가루가 하얗게 뿌려진 달콤한 비스킷과 그 과자를 장식하는 꽃가지, 작은 과일들로부터도 또 다른 향기가 퍼져 나온다. 시나몬향이 진한 비스킷 무스타촐리Mustazzoli, 통아몬드를 꽉 채운 소브리 비스킷Sobri, 크림으로 속을 채우고 설탕가루를 뿌린 부드러운 버터 쿠키 제노베시Genovesi 등 에리체는 예로부터 비스킷으로 유명하다. 옛날 산 카를로 수도원Convento di San Carlo에서 은둔 생활을 하던 수녀들에 의해 전통 과자들이 만들어지기 시작해 지금까지 그 전통은 에리체의 곳곳에 전해져온다. 골목골목마다 자랑스럽게 쌓여 있는 수제 비스킷들은 군침을 줄줄 흐르게 한다.

윤이 나는 대리석 골목길을 따라 공기 중에 부유하는 비스킷 향기와 이 지역 전통 요리가 풍기는 냄새는 여행자들을 더욱 깊은 허기에 빠지게 한다. 파스타와 함께 바삭하게 구운 빵 조각에 올려진 에리체 페스토Pesto, 바질, 소나무 열매, 마늘, 파르마산 치즈와 올리브 오일을 짓이긴 소스, 지중해의 신선한 생선과 잘게 썬 아몬드를 곁들인 트라파니 쿠스쿠스Trapani Couscous 등 향기롭고 건강한 지중해 전통 요리에 에리체의 포도밭에서 나는 와인을 곁들이면 더 이상 바랄 것이 없다. 에리체의 독특한 기후와 대지의 잠재력을 깨닫고 이곳 사람들에게 올리브를 재배하게 하고 와인을 만들게 한 사람들은 페니키아 인들이라고 전해진다.

에리체에서 가장 사랑받는 성당 키에사 마드레Chiesa Madre 혹은 레알 두오모Real Duomo는 고대 비너스 신전의 건축 재료를 가져와 14세기에 건설된 매력적인 건축물이다. 내부는 놀랍고도 아름다운 19세기 네오고딕 양식을 따랐다. 구경하려고 입구에 다가가니 양복을 입은 남자가 못 들어간다며 손을 내젓는다. 잠시 후에 결혼식이 예정되어 있어서 초대받은 손님만 들어갈 수 있단다. 할 수 없이 두오모 옆에 있는 108계단의 종루에 올라 시원스런 전망을 감상하고 내려왔다. 잠시 후 환한 미소의 신랑신부는 수많은 사람들의 축복을 받으며 성당으로 입장했다. 풍요와 축복의 여신 비너스도 그들을 축복하듯 하늘에는 새하얀 뭉게구름이 햇살에 빛났다.

에리체의 가파른 골목길을 배회하다가 잠시 쉬어갈 수 있는 최고의 장소는 움베르토 1세 광장이다. 산 속 작은 마을에 어울릴 법한 아담한 광장이다. 조금 가파르게 경사진 광장은 에리체에서 그나마 가장 활기찬 중심 지역이다. 특별한 관광안내소도 없어서 광장의 박물관 겸 도서관 건물 1층에서 나이 지긋한 경찰관이 시내 지도와 여행 정보를 제공한다. 경찰 제복을 입고 있어서 조금 긴장했지만 그의 미소는 부드러웠고 말투도 자상해서 마음이 편안해진다.

11
amat

어느덧 밤의 장막이 에리체를 조용히 덮었다. 광장의 노천카페 테이블에 한자리 차지하고 앉아 와인을 한 잔 주문했다. 밤이 내린 광장에 사람들이 모여들었다. 박물관 앞에는 간이 무대가 설치되어 있었다. 잠시 후 3인조 재즈 밴드가 부드럽고 흥겨운 재즈를 연주한다. 조용한 산골마을에 재즈의 선율이 골목골목 스며들었다. 와인은 감미롭고 공기마저도 달콤하다. 한여름인데도 밤공기는 시원하다 못해 서늘한 느낌마저 들었다. 재즈 공연이 끝나자 대여섯 명의 남자들이 북과 트럼펫, 기타 비슷한 악기를 들고 광장을 돌면서 흥겨운 연주를 시작한다. 사람들은 그들의 뒤를 따라다니며 환호하고 박수를 보내며 함께 웃었다. 고요하던 밤에 인생의 흥겨움이 흥건히 퍼져나갔다. 그런데 그 순간, 신비로운 구름이 서풍을 타고 에리체의 중세 골목을 따라 건물들 사이로 몰려들었다. 마치 특수효과처럼 노래하는 공연자와 환호하는 사람들, 노천카페를 감싸안았다가 광장 한쪽으로 사라졌다. 그러더니 구름은 계속 몰려와 마치 춤을 추듯 사람들을 껴안고 광장을 배회하다 소멸하기를 반복했다.

구름은 살짝 기운 와인잔도 한 바퀴 감싸고는 스르르 빠져나갔다. 황홀감에 빠져 신음처럼 한마디 내뱉었다.

– 아, 비너스의 키스야.

Travel Memo

가보기°

에리체에 가기 위해서는 트라파니Trapani로 이동한 후 AST버스를 타거나, 트라파니 마르토냐 거리Via Martogna에 있는 푸니쿨라를 타면 된다. 트라파니에서 에리체까지 버스로 45분 소요된다.

맛보기°

안티카 파스티체리아 델 콘벤토 수도원의 오래된 제과점 Antica Pasticceria del Convento

레몬을 주재료로 설탕 가루를 입힌 벨리브루티Bellibrutti와 아몬드, 설탕, 코코아가 들어간 팔리네 알아란차Palline all'arancia를 추천한다.

address 과르노티 거리 1번지 Via Guarnotti, 1

telephone 092 3869777

오스테리아 디 베네레 비너스 식당 Osteria di Venere

소박하지만 전통이 느껴지는 맛집. 향긋한 하우스 와인에 신선한 샐러드, 지중해의 생선살을 맛있는 양념으로 버무려 속을 채운 꼬치구이는 신선한 바다내음이 풍긴다.

address 로마 거리 6번지 Via Roma, 6

telephone 092 3869362

머물기°

호텔 모데르노 Hotel Moderno Bed & Breakfast

에리체 구시가 중심에 위치해 있다.

address 비토리오 에마누엘레 거리 63번지 Via Vittorio Emauele, 63

telephone 092 3869300

url www.hotelmodernoerice.it

둘러보기°

바바블루 푸른 수염 Barbablu

가게 주인이자 예술가인 프란체스코의 작품들과 기념품들이 전시 · 판매되는 독특한 가게.

address 비토리오 에마누엘레 거리 6번지 Via Vittorio Emanuele, 6

알아란차

꼬치구이

바바블루

시칠리아 문명의 기억

팔레르모

Palermo

주황빛 가로등이 켜졌다. 푸르던 하늘, 흰 구름에 붉은 노을이 물들기 시작했다. 시칠리아의 저녁 기도가 시작되는 시간이다.

'팔레르모'라는 단어를 들으면 사람들의 반응은 열에 아홉 아래와 같다.

– 아, 마피아의 본고장말이군요. 위험하지 않나요? 혹시 마피아도 만났어요?

시칠리아에 대한 사람들의 부정적인 이미지는 의외로 강하다. 특히 팔레르모는 시칠리아 마피아의 본거지라고 알려진 곳이다. 처음 시칠리아 여행 루트를 짤 때 조금 주저했지만 팔레르모를 빼놓고 시칠리아를 여행했다고 말하는 건 어불성설이다. 약간의 걱정과 함께 시칠리아의 심장을 경험한다는 기대감으로 팔레르모에 성큼 발을 들여놓았다.

시칠리아 섬의 북서쪽에 위치한 팔레르모는 시칠리아의 수도이자, 역사적으로 시칠리아를 거쳐간 다양한 문명의 흔적들을 간직하고 있는 풍부한 문화유산의 도시이다. 고대 그리스로부터 로마, 비잔틴, 아랍, 노르만, 르네상스, 바로크에 이르기까지 다채로운 문명의 아름다움이 구시가지의 건축물과 성당, 분수와 계단의 돌들에까지 아로새겨져 있다. 구시가지를 거닐다 보면 다양한 시대를 오가는 역사적 건축물들로 인해 여행자의 발걸음은 저절로 더디어진다.

팔레르모는 상당히 규모가 큰 도시이지만 구시가지 여행은 도보로도

D·N·PHILIPPO·III·HISPAN·ET·SICIL·REGE
DON·PETRO·GIRON·DVCE·OSSVNÆ·PROR·
VT·QVO·GVBERNANTE·FELICITER·OMNIA·PROCEDVNT
AD·PERFECTIONEM·PROCEDAT·ETIAM·STRVCTVRA
SVB·OMNI·CÆLO·SINGVLARIS
FECERVNT·ANNO·CIↃ·IↃ·CXII·
DON·PETRVS·CELESTRIS·E·MARCHION·SANTÆ·CRVCIS·PRETOR
DON·PETRVS·VPEZINGHI·ALVARVS·VERNAGALLI
DON·HVGO·NOTARBARTOLVS·GERARDVS·DE·AFFLICTO
IOANNES·DE·BALLIS·BARO·CALATHVVI·DON·MARIANVS
ALLIATA·SPATAFORA·SENATORES·PP·CONSCRIPTI·

충분히 다닐 만하다. 신시가지는 19세기풍의 멋진 아파트와 매력적인 가게들이 대로를 따라 늘어서서 그 풍경이 마치 프랑스 파리를 연상케 한다. 구시가지의 팔레르모도 아랍과 노르만 왕조 시절인 12세기 때만 해도 유럽에서 가장 화려한 도시였다. 하지만 영화롭게 빛나던 팔레르모의 명성은 퇴색하고 그 시절 찬란한 영광의 흔적들은 현재 몇몇 빛바랜 건물과 성당들에만 남아 있을 뿐이다.

팔레르모를 가만히 바라보면 쇠퇴와 영광이 공존하는 도시임을 자연스럽게 알게 된다. 팔레르모 사람들에게서는 영화로운 시절에 대한 자부심도 느껴져, 그들의 삶은 고단해 보일지라도 영혼만은 아직 꺾이지 않은 듯한 느낌이다. 비록 오늘날은 신문 헤드라인을 장식하는 암살 소식과 경찰의 부패 사건으로 악명이 높고 마피아가 여전히 이 도시의 숨통을 조이고 있지만, 오랜 세월의 유산이 그대로 남아 있는 구시가지는 평온하고 아름답기만 하다.

쥐세프 베르디 광장Piazza Giuseppe Verdi에 이르자 광장에 어울리는 거대하면서도 우아한 마시모 극장Teatro Massimo이 웅장한 모습을 드러냈다. 매너리즘에 빠진 바로크와 관능적이던 로코코 양식에 대한 반발로 18세기 중반에서 19세기 전반에 유럽을 풍미했던 네오클래식Neoclassic, 신고전주의 양식으로 지어진 장엄한 극장이다. 합리적이고 이성적인 아름다움이 빛나는 고대 그리스와 로마 양식으로의 복귀를 주창한 신고전주의의 정신을 담아 시칠리아 건축 황금기의 대미를 장식했다.

20세기 초 오페라의 황금시대를 열고 벨칸토 창법의 모범으로 인정받은 나폴리 출신의 테너 카루소Enrico Caruso는 극장 개막 시즌과 그의 생애

말년에 이곳에서 영혼을 담아 노래했다. 또한 이탈리아에서 가장 크고, 유럽에서는 세 번째로 큰 이 극장에서 시칠리아 마피아의 가족사를 서사적으로 그려낸 영화 〈대부〉 3편의 클로징 장면도 촬영되었다. 극장에서는 아름다운 오페라가 울리고 바깥 세상에서는 총성이 울린다. 극장 계단에서 사랑하는 딸을 잃고 처절하게 절규하던 대부의 슬픔이 절절히 가슴을 울린다.

〈대부〉에 등장하는 오페라는 19세기 말 시칠리아 섬을 무대로 펼쳐지는 사랑과 복수를 그린 마스카니Mascagni의 작품 〈카발레리아 루스티카나Cavalleria Rusticana〉이다. 마시모 극장에 울리는 이 오페라를 통해 영화는 사랑과 배신, 복수와 죽음, 가족과 희생 그리고 따뜻한 문명과 비정한 범죄를 표현한다.

조금은 울적해진 마음을 떨치고자 부치리아 지역의 시장 골목을 찾았다. 산 도메니코 광장에 이르자 웅장하고 화려한 산 도메니코 기도원Oratorio del Rosario di San Domenico이 눈앞에 우뚝 서 있다. 17세기 당시 저명인사들이 자신들의 부와 지위를 과시하기 위해 화려한 로코코 양식으로 건설한 사교장이다. 옆으로 난 부치리아의 소박한 골목길을 따라 생선과 과일, 야채, 잡화 시장들이 길게 곁가지를 치며 형성되어 있다. 부자들과 가난한 이들의 삶이 작은 골목을 사이에 두고 나란히 존재하는 곳이다.

특히 카라치올로 광장Piazza Caracciolo 주변의 부치리아 시장Mercato della Vucciria은 과거 마피아의 소굴로 악명 높았던 곳이다. 낡고 빛바랜 건물은 흑백사진에 더욱 어울릴 법한 느낌이다. 생선과 식료품이 주로 판매되는

이곳은 지금은 활기찬 발라로Ballaro나 중동풍의 카포 시장에 밀려 조금은 한적한 곳이 되었다. 우아한 골동품 가게와 어른 두 명이 앉으면 꽉 차는 시계 수리점, 시칠리아 토속 음식과 재료를 파는 상점, 오랜 세월의 더께가 내려앉은 칼 가는 가게는 평온하다 못해 정겹기까지 하다. 이곳 상인들은 다른 곳에 비해 조금은 무뚝뚝한 표정을 짓고 있지만 가식적이지 않은 그 표정에 오히려 더욱 시칠리아의 느낌이 묻어난다.

시장 골목에서 먹을거리들을 구경하다보니 어느새 허기가 밀려온다. 현지인들이 간편하게 즐겨찾는 스핀나토Spinnato에 들렀다. 진열대 앞에는 한끼 식사를 저렴하게 해결하기 위해 들른 현지인들로 빈틈이 없었다. 사람들 틈을 비집고 겨우 진열대 앞으로 나아갔다. 지중해의 햇살을 머금고 싱싱하게 자란 과일로 만든 샐러드와 치즈 반 토마토 반의 카프레제, 토핑의 종류가 다양한 각종 피자들, 푹 익힌 가지와 버섯, 호박을 적절히 섞은 샐러드, 빵 그리고 시칠리아 전통 음식 아란치노Arancino가 진열대를 가득 채우고 있다. 다양한 야채 토핑을 쌓은 피자 한 조각, 가지 무침 샐러드 그리고 시칠리아에서 꼭 맛보아야 할 아란치노 두 개를 골랐다. 그러고는 쟁반에 담아들고 마시모 극장의 웅장함에 버금가는 폴리테아마 가리발디 극장Teatro Politeama Garibaldi이 보이는 노천 테이블에 앉았다.

아란치노는 기름에 튀긴 빵 껍질로 싼 주먹밥의 일종이다. 오렌지를 연상시키는 모양과 색깔 때문에 아란치노라는 이름이 붙은 이 귀여운 주먹밥은 단순한 모양에 비해 천 년의 역사를 가진 음식이다. 지역에 따라 버터, 버섯, 가지 등 주먹밥 속에 들어가는 주재료가 조금씩 차이가 있지

no Zu Vicè
devi andare

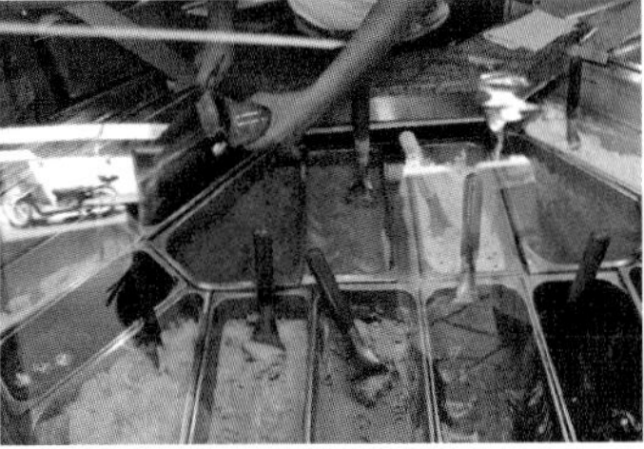

만 대부분 밥과 함께 라구Ragu라고 불리는 미트 소스와 토마토 소스, 모차렐라 치즈 그리고 완두콩으로 채워진다. 아란치노를 한입 베어 물자 바삭한 빵 껍질 틈새로 모차렐라 치즈가 거미줄처럼 줄줄 새어나온다.

더운 여름날 시칠리아에서 단연 후식으로 인기 있는 메뉴는 그라니테Granite다. 차가운 얼음을 갈아 싱싱한 과즙과 섞어 먹는 셔벗의 일종이다. 1870년부터 대를 이어 가게를 유지해 온 발레라Barlera의 무뚝뚝한 주인장은 벽에 걸린 흑백사진을 가리키며 자신의 할아버지 때부터 이어온 가게에 대한 자부심을 슬쩍 드러냈다. 잔돈이 모자라 지폐를 꺼내려 하자 괜찮다며 손을 내젓는 그의 속마음은 딱딱한 표정과는 달리 따뜻했다. 그라니테를 한입 머금자 더위가 금세 달아났다.

구시가지는 '네 개의 모퉁이'를 의미하는 콰트로 칸티Quattro Canti를 중심으로, 카포Capo, 알베르게리아Albergheria, 라 칼사La Kalsa, 부치리아Vucciria로 나뉜다. 네 개의 역사지구는 팔레르모 문화유산의 대부분을 갖고 있는 지역이다. 마퀘다 대로Via Maqueda와 비토리오 에마누엘레 대로Corso Vittorio Emanuele가 만나는 사거리, 콰트로 칸티로 발길을 향했다. 콰트로 칸티가 가까워질수록 빛바랜 건물들이 더욱 자주 모습을 드러냈다. 또각또각 여행자들을 실은 마차가 지나갔고, 부웅 소리를 내며 한 쌍의 젊은 남녀를 태운 스쿠터가 요란스럽게 지나갔다. 팔레르모 역사지구의 중심인 콰트로 칸티는 수없이 오가는 차량들로 소란스러웠지만 네 모퉁이를 채우는 고풍스런 건물과 건물 외벽의 조각상, 분수로 인해 우아함이 풍겨났다. 옛길을 자동차와 스쿠터, 관광객을 실은 마차가 뒤섞여 달리는 모습에 약간 현기증이 느껴졌다. 영화로웠던 과거의 문명과 분주한 현대인의 삶이 콰트로 칸티에 집약되어 있는 느낌이다.

콰트로 칸티에서 조금만 발걸음을 옮기면 팔레르모 구시가지의 심장부, 프레토리아 광장Piazza Pretoria이 아름다운 모습을 드러낸다. 사실 말이 광장이지 광장의 대부분을 차지하고 있는 건 프레토리아 분수Fontana Pretoria다. 마치 군중들처럼 서 있는 수많은 석상들 사이를 분수의 잔물결이 동심원 형태로 퍼져나간다. 가만히 보고만 있어도 광장 주변의 인상적인 건축물들과 어울려 감탄사를 자아낸다. 하지만 16세기 피렌체 출신의 조각가 카밀리아니Francesco Camilliani가 처음 이 분수를 공개했을 때는 격렬한 논쟁의 불씨였다. 분수 조각상들 사이에 당당히 서 있는 님프 조각상의 도발적인 나신 때문이었다. 장엄한 카톨릭 미사를 드리기 위해 광장을 오가던 시칠리아의 독실한 신자들의 눈에는 눈꼴 사나운 천박함으로 비쳤다. 그래서 그들은 이 분수를 '치욕의 분수'라고 불렀다. 하지만 시대가 변하고 세월이 흐르면서 지금은 이탈리아 그 어떤 분수보다도 여행자들과 현지인들의 사랑을 듬뿍 받고 있다.

무엇보다 팔레르모 여행에서 꼭 빼놓지 말고 보아야 할 최고의 명소는 노르만니 팔라초Palazzo dei Normanni에 있는 팔라티나 예배당Capella Palatina이다. 시칠리아를 거쳐간 다양한 문명으로 화려하게 장식된 이 예배당은 12세기에 처음 건설되었고, 2008년에야 복구 작업이 완료되어 예전의 화려함과 영광을 되찾았다.

이처럼 팔레르모 곳곳에는 다양한 문화가 공존한다. 화려했던 과거의 영광은 많이 쇠퇴했지만 빛바랜 구시가지를 가만히 걷고 있노라면 영화

로웠던 과거가 문득 되살아난다.

프레토리아 분수가 있는 광장에 다시 돌아왔을 무렵, 땅거미가 어둑어둑 내리기 시작했다. 조용한 광장 옆으로 빨간색 관광 열차가 생뚱맞게 지나갔다. 분수 주변에는 주황빛 가로등이 켜졌다. 푸르던 하늘, 흰 구름에 붉은 노을이 물들기 시작했다. 시칠리아의 저녁 기도Les Vepres Siciliennes가 시작되는 시간이다.

13세기 프랑스 앙주Anjou 왕조의 찰스 1세는 시칠리아를 심하게 착취했다. 프랑스 왕조로부터 독립을 갈망하던 시칠리아 사람들은 1282년 부활절 월요일 저녁 기도를 알리는 종소리를 신호로 자유의 깃발을 높이 치켜들었다. 베르디Giuseppe Verdi는 이 비장한 역사 이야기를 오페라 〈시칠리아의 저녁 기도〉로 노래했다.

마치 어디선가 종소리가 들려오는 듯한 착각에 프레토리아 분수 앞에서 발걸음을 멈췄다. 가만히 귀 기울여보니 그 종소리는 마음속 깊은 곳에서 울리고 있었다.

가보기°

팔레르모는 시칠리아의 주도로 규모가 상당히 크다. 시칠리아 섬의 다른 도시들과 기차와 버스로 연결되어 있다.

기차 편

메시나에서 3시간 30분, 아그리젠토에서 2시간 15분, 체팔루에서 1시간 정도 소요된다.

배 편

팔레르모에서 야간에 출발하는 페리선을 타면 본토에는 다음날 아침 도착한다(하루에 1대). 페리선 터미널은 프란체스코 크리스피 거리Via Francesco Crispi 끝에 있고, 페리선은 몰로 비토리오 베네토Molo Vittorio Veneto에서 정기적으로 출항한다.

티레니아Tirrenia **정기 페리선:** telephone 091 9760773 url www.tirrenia.it

버스 편

도시 간을 이동하는 인터시티 버스 터미널은 파올로 발사모 거리Via Paolo Valsamo에 있다. 버스 회사와 노선이 다양하므로 잘 확인하고 표를 구입해야 한다.

쿠파로Cuffaro: 아그리젠토행 버스 운행, 2시간 30분 소요. 매일 3~9대 운행.
address 파오로 발사모 거리 13번지 Via Paolo Valsamo, 13 url www.cuffaro.info
사이스SAIS: 체팔루행 1시간 소요, 카타니아행 약 3시간 소요, 메시나행 약 3시간 소요
address 파올로 발사모 거리 16-20번지 Via Paolo Valsamo, 16-20 url www.saisautolinee.it
세게스타Segesta: 트라파니행 2시간 소요, 시라큐스행 3시간 15분 소요.
address 파올로 발사모 거리 26번지 Via Paolo Valsamo, 26 url www.segesta.it

맛보기°

트라토리아 비온도 Trattoria Biondo

팔레르모 음식을 즐기는 지역 사람들로 붐비는 곳으로 활기찬 표정의 주인이 반겨준다.
address 조슈 카르두치 거리 15번지 Via Giosue Carducci, 15 telephone 091 583662

스핀나토 Spinnato

팔레르모에서 가장 오래되고 유명한 베이커리 중 하나. 신선한 빵으로 정평이 나 있다.
address 카스텔누오보 광장 16~17번지 Piazza Castelnuovo, 16~17 telephone 091 329220

들러보기°

부치리아 시장 Mercato della Vucciria

과거 마피아의 소굴로 악명 높았던 곳으로, 이색적인 분위기를 느낄 수 있다.

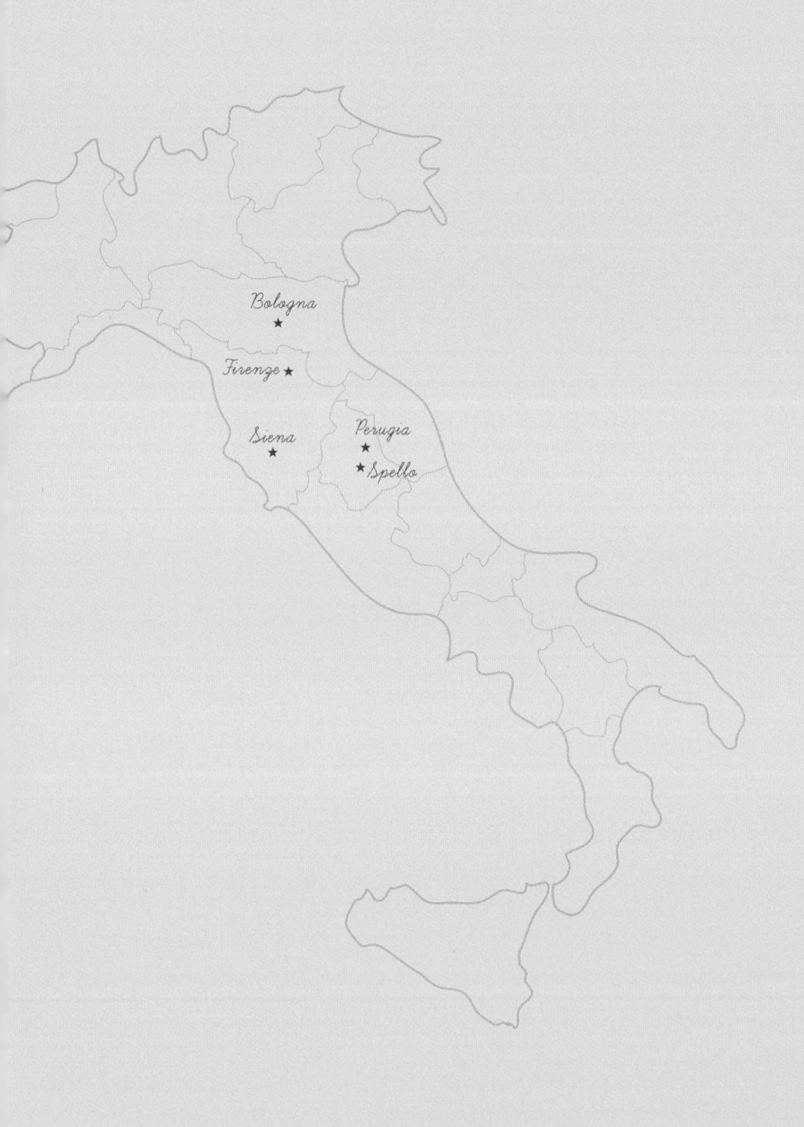
Bologna
Firenze
Siena
Perugia
Spello

03

슬로푸드 소도시 여행

페루자
스펠로
피렌체
시에나
볼로냐

움브리아의 부엌

페루자

Perugia

페루자에서 가장 먼저 주의해야 할 점은 서두르지 않는 것이다.
아주 느리게 그리고 정처 없이 어디든 걸으며
자신의 눈과 마주하는 모든 것들을 관조해야 한다.

북부의 거친 산악과 남부의 풍요로운 해안이 서로 완충지대를 둔 것처럼 이탈리아 중부에는 완만한 구릉, 어둑어둑한 산지 그리고 구불구불한 길들이 모여 평화로운 풍경을 선사하는 움브리아Umbria 주가 있다. 움브리아의 근사한 자연은 여행자의 분주했던 마음을 평온케 하고, 호흡하기에 적합한 기후는 그간 바빴던 숨을 탁 트이게 해준다. 움브리아에는 가난과 겸손의 시인이자 성자인 성 프란체스코San Francesco가 태어난 아시시Assisi 외에도 토디Todi, 스펠로Spello, 스폴레토Spoleto, 오르비에토Orvieto, 치타 디 카스텔로Citta di Castello 등 '역사의 중심'이라는 말로는 충분치 않은, 기념비적이고 예술적인 건축물과 풍요로운 문화유산의 도시들로 가득하다. 대표적인 도시가 바로 움브리아의 주도인 페루자다.

테베레 강 상류, 해발고도 약 500미터의 언덕에 자리 잡고 있는 페루자는 고대 이탈리아 중부의 에트루리아 12동맹 도시 중 'Perusia'라는 이름으로 처음 역사 기록에 등장한다. 기원전 310년에 로마 인에 의해 점령당했지만, 세속적 황제의 힘과 천부적 교황의 권위 사이에서 긴장감 있는 역사의 과정을 거쳐 왔다. 그러나 이런 혼란 속에서도 특히 15세기에는 그림으로 하나의 종파를 이룰 정도로 예술과 문화가 활짝 꽃을 피웠다. 위대한 르네상스의 예술가 라파엘Raphael도 페루자에서 활동을 했고, 그의 스승인 반누치Vannucci는 이 지역 출신답게 페루지노Perugino라는 별명으로 불렸다.

신시가지의 기차역과 연계된 버스는 언덕길을 달려 페루자의 구시가지 입구, 이탈리아 광장에 도착한다. 마치 현대의 시간과 담을 쌓듯 언덕 위 성벽으로 둘러싸인 페루자는 거의 400년 넘게 큰 변화 없이 옛 모습을 그대로 간직하고 있다. 거기서 페루자의 중심대로인 반누치 대로Corso Vannucci를 따라 일직선으로 천천히 걸으면 '11월 4일 광장'에 이른다. 사실 페루자의 주요 건축물과 볼거리는 이 두 광장과 반누치 대로를 따라 도열하듯 늘어서 있다. 웅장한 분수 폰타나 마조레Fontana Maggiore, 국립미술관과 박물관이 들어서 있는 화려한 프리오리 궁전Palazzo dei Priori, 페루자의 대표적인 종교 건축물인 산 로렌초San Lorenzo 성당이 페루자의 구시가지를 웅장한 아름다움으로 장식한다. 폰타나 마조레와 프리오리 궁전을 마주한 산 로렌초 성당의 측면에는 로자 디 브라치오Loggia di Braccio가 있어, 로마 시대의 벽과 옛 종탑의 흔적을 엿볼 수 있다.

산 로렌초 성당 안에 들어서면 바깥의 메마른 공기와는 달리, 오랜 건물 특유의 습하고 탁한 공기가 느껴진다. 이 성당의 첫 번째 예배당은 성모 마리아의 결혼반지 유물로 알려진 '거룩한 반지Santo Anello'에 바쳐졌다. 웅장하고 거룩한 중세의 성당 안에 있자니 속세에 찌든 영혼이 조금이나마 맑아지는 느낌이다. 순간, 십대 초반의 아이들 수십 명이 인솔자의 지도를 따라 성당 한가운데 조용히 모여 앉았다. 그리고 나지막이, 그러나 또렷한 발성으로 성가를 부르기 시작했다. 맑은 음색이 화음을 이루어 성당 가득 울려 퍼졌다. 다른 여행자들도 그들의 노래에 조용히 귀를 기울였다. 그들은 조용히 노래를 마친 뒤 인솔자를 따라 성당을 한 바퀴 돌

았다. 짧지만 아름다운, 뜻밖의 조우였다.

다시 육중한 문을 밀고 성당 밖 세상으로 나와, 마조레 분수 건너편 프리오리 궁전으로 발길을 향했다. 현재 시청사로 사용되는 프리오리 궁전에는 움브리아에서 제일 중요한 갤러리인 움브리아 국립미술관, 세계에서 가장 아름다운 은행이라고 불리는 노빌레 콜레조 델 캄비오Nobile Collegio del Cambio가 들어서 있다. 지금도 시의회로 사용되는 회의실은 그 옛날 중세의 기사들과 영주들이 모여 격론을 벌였던 그 모습 그대로 고풍스런 그림들이 벽과 천장을 가득 채우고 있다. 움브리아 국립미술관에서는 때마침 너무나 좋아하는 사진의 대가, 스티브 맥커리Steve McCurry의 사진전이 열리고 있었다. 다양한 사이즈로 프린트된 그의 원판 사진들을 직접 볼 수 있는 기회는 여행길의 귀한 선물이었다. 맥커리의 사진에 취해 황홀한 기분으로 문을 나서는데 박물관 직원이 다가왔다.

– 지금 사진전을 보고 나오시는 거죠? 그렇다면 그 표로 국립미술관도 입장할 수 있으니 꼭 들러보세요.

거장의 사진전을 보고 나오는 관람객을 움브리아의 문화유산과 자연스럽게 접할 수 있게 유도하는 그들의 문화적인 접근이 신선했다. 중세와 르네상스 전성기의 움브리아 출신 작가들의 작품들은 새삼 움브리아 예술의 아름다움에 빠져드는 황홀한 시간을 만들어주었음은 두말할 나위가 없다.

저녁 어스름이 반누치 대로를 따라 퍼져나간다. 특별한 목적지도 없이 어슬렁어슬렁 마조레 분수를 등지고 코르소 반누치를 거닐어본다. 수백 년 된 낡은 황토빛 기와지붕 너머 불그스름한 노을이 졌다. 하나 둘 중세의 거리를 밝히는 가로등이 켜지고 한껏 들떴던 공기는 무거운 침묵으로 가라앉았다. 코르소 반누치를 따라 여행자들과 페루자 시민들이 한데 섞여서 유유히 산책을 나선다. 불 밝힌 상점과 대로 한가운데 노천 테이블을 마련한 카페에는 한가로운 저녁을 즐기기 위해 사람들이 모여들었다.

페루자는 일 년 내내 셀 수 없이 다양한 콘서트와 축제, 행사가 펼쳐진

다. 특히 매년 7월이면 움브리아 재즈 페스티벌이 열려 중세 도시 곳곳은 재즈의 선율로 흘러넘친다. 10월 셋째 주에는 유럽 최대의 초콜릿 제전인 유로 초콜릿Eurochocolate이 개최되는데, 이 때 페루자에는 백만 명의 방문객들이 몰려든다. 반면 대부분의 페루자 사람들은 이 인파를 피해서 멀리멀리 페루자 탈출을 감행한다고 한다. 이 시기에 페루자를 방문하려면 몇 달 전에 미리 숙소를 예약해야 하는 건 필수다. 수백 개의 초콜릿 가판대가 골목마다 설치되고, 도시는 온통 초콜릿 향과 맛으로 가득찬다. 아니나 다를까, 반누치 거리 한가운데서 다양한 초콜릿으로 안을 가득 채운 초콜릿 가게 산드리Sandri를 발견했다. 마치 중세의 약국처럼 목조 선반들이 빼곡하고, 파스텔톤 벽화가 그려진 높은 천장에 매달린 빛나는 샹들리에, 붉은색 정장을 차려입은 직원들 그리고 가게에 들어서자마자 코끝을 감싸는 달콤쌉싸름한 초콜릿 향내가 어울려, 가게에 들어서자 마치 영화 〈초콜릿 공장의 비밀〉 속 찰리가 된 듯한 기분이다.

반누치 대로에 위치한 움브리아에서 가장 오래된 과자점 산드리는 1860년부터 그 향기로운 문을 열었고 〈뉴스위크Newsweek〉가 선정한 '세계 최고의 바' 중 하나로 언급되었다. 이탈리아 통일이 이루어지던 19세기 무렵 알프스 근처에 살던 스위스 인 야켄 슈칸Jachen Shucan은 자신만의 레시피를 가지고 이곳 페루자에 왔다. 그는 자신의 이름을 자코모Giacomo로 바꾸고 원래는 크로냐 궁전Palazzo della Crogna의 마구간이었던 곳에 가게를 열었다. 150년을 이어온 가게답게 품위가 넘치고 직원들도 대부분 나이가 지긋하다. 이탈리아 특유의 진한 에스프레소도 맛볼 수 있고, 진열대를 가득 채운 다양한 초콜릿과 케이크, 설탕에 절인 과일, 빵 등 다양

한 디저트를 골라 먹는 재미가 있다.

반누치 대로의 남쪽 끝까지 걸으면 아담한 정원 자르디니 카르두치Giardini Carducci에 이른다. 골동품 시장이 열리기도 하는 이곳은 중세에는 웅장한 요새였던 로카 파올리나Rocca Paolina 위에 서 있다. 이곳에 서자 평온한 저녁 불빛이 반짝이는 움브리아의 지붕들과 어스름이 서서히 덮어오는 드넓은 중부의 대지, 나지막한 산들이 시원스럽게 펼쳐진다.

아직 손님이 오기엔 이른 시각, 빨강과 노랑 식탁보로 가지런히 세팅을 해놓은 노천 테이블 위에는 여유와 평온함이 머물러 있다. 짙어져가는 저녁 하늘은 금세 칠흑 같은 어둠이 덮을 것이다. 어느 바의 테라스에 모인 여행자 무리는 움브리아의 평원을 내려다보며 즐거운 수다에 푹 빠져 있다. 평화로운 풍경 속 단란한 저녁 일상을 바라보고 있자니 심한 허기가 느껴진다.

– 페루자에서 제대로 된 음식을 맛보려면 보르고로 가야 해요!

머물고 있던 호텔의 주인 내외가 손수 지도에 꼼꼼하게 표기까지 해주며 소개해준 레스토랑을 찾아나섰다. 가로등도 제대로 없고 어둑어둑한 골목길이 이어져 다시 돌아갈까 하는 맘이 살짝 들기도 했다. 하지만 호텔 주인 내외의 미소를 떠올리며 불안감을 이겨내고 조금 더 가니, 인적 드문 골목에 간판도 문도 작은 식당, '트라토리아 델 보르고Trattoria del Borgo'가 나타났다. 문 앞에는 여러 기관이나 단체에서 수여받은 스티커들이 잔뜩 붙어 있다. 내부는 그리 넓지는 않지만 깔끔했고, 안쪽에는 정원으로 올라가는 계단이 있어 대부분의 사람들이 야외 정원에서 저녁식사를 즐기고 있었다. 조용한 실내의 테이블 한쪽에 자리를 잡고 앉았다.

보르고는 '페루자의 부엌'으로 불린다. 그만큼 움브리아의 전통 요리와 맛에 있어 자부심을 가지고 있고, 그 평판을 인정받고 있는 곳이다. 보르고의 주인장이자 요리사 루이지Zeppetti Luigi는 2005년 코르소 아스트라Corso Astra로부터 '주방의 위대한 마에스트로Al Gran Maestro di Cucina' 칭호를 부여받았다.

하우스 와인 반 병과 에밀리아 로마냐를 비롯한 중부 지방의 전통 파스타인 탈리아텔레Tagliatelle 한 접시, 주인장의 부인인 마리아가 추천하는 돼지고기 요리를 하나 주문했다. 마리아는 먼저 하우스 와인과 함께 입맛을 돋우기 위한 빵을 가져다주며 말했다.

– 이 빵은 우리 주방에서 직접 만든 수제 빵이에요.

따끈따끈하면서도 담백한 빵맛이 입안에 착 감기고 일반 빵집에서 만든 일률적인 느낌이 아니어서 자꾸만 손이 갔다. 메인 요리를 맛보기 전에 향긋한 와인을 조금 들이켰다.

드디어 주문한 탈리아텔레가 하얀 접시에 담겨 나왔다. 원래 탈리아텔레의 면은 납작하고 긴 면으로 만들어지는데 이곳은 그냥 동그랗고 길게 만들어진 수제 면이었다. 미트 소스와 치즈가 살짝 버무려진 면은 탱탱하면서도 담백한 맛이 정말 일품이었다. 안주인이 추천한 '회향풀을 곁들인 페루자의 돼지고기Maialino Alla Perugina Con Finocchio Selvatico' 요리는 페루

자 지방의 전통 요리다. 부드러운 고기가 소스와 함께 입안에서 부드럽게 녹아들었다. 레드 와인을 어느 정도 들이켜자 약간의 취기와 함께 포만감이 차올랐다. 마리아는 서빙을 하느라 바쁘게 홀을 오가면서도 조심스레 손님들의 표정을 살폈다. 살짝 미소를 보내자 그녀도 미소로 화답한다.

배가 불렀지만 냉장고에 진열된 홈메이드 디저트들이 또다시 시선을 붙잡았다. 무얼 고를까 고민하다 이탈리아에서 가장 인기 있는 케이크인 티라미수Tiramisu를 선택했다. 부드럽고 순한 이탈리아 롬바르디Lombardy산 크림치즈인 마스카르포네Mascarpone와 달걀 노른자를 휘저어 섞은 크림을 커피에 담근 비스킷으로 싼 뒤 술과 코코아로 맛을 낸 수제 티라미수의 외양은 좀 투박했다. 우리나라에서 먹던 티라미수와 다른 점은 이곳의 티라미수는 크림 부분을 좀 더 부드럽게 녹인 상태로 먹는다는 것이다.

티라미수를 한 스푼 입에 넣자 사르르 녹아내리는 부드러움과 달콤함에 온몸이 짜릿하다.

마리아의 미소를 뒤로 하고 숙소로 돌아가는 길, 어둑하던 계단이 이제는 환해진 느낌이다. 고대 에트루리아 인들의 투박한 성벽부터 화려한 르네상스의 예술과 건축물이 어우러져 장중하고 우아한 멋이 골목골목 스며있는 곳, 페루자. 언덕 위의 우아한 마을에서 잠시나마 현지인들처럼 산책을 하고 그들이 즐겨 찾는 단골 레스토랑에서 한 끼 식사를 누릴 때, 마음까지 채워주는 진정한 여행이 완성된다.

19세기 사실주의 문학의 대가, 헨리 제임스Henry James가 페루자를 여행하는 이들에게 던진 말이 문득 떠올랐다.

페루자에서 시간을 보내는 사람이 가장 먼저 주의해야 할 점은 서두르지 않는 것이다. 아주 느리게 그리고 정처 없이, 어디든 걸으며 자신의 눈과 마주하는 모든 것들을 관조해야 한다.

Travel Memo

가보기°

기차를 이용하면 로마에서 2~3시간, 피렌체에서 2시간이 소요된다. 페루자 기차역에서 언덕 위 구시가 중심까지는 버스나 미니 메트로를 이용해서 가는 편이 편리하다.

맛보기°

트라토리아 델 보르고 Trattoria del Borgo

움브리아 지방의 전통 파스타인 탈리아텔레Tagliatelle가 인상적이다. 후식으로는 티라미수를 추천.

address 스포사 거리 23/a번지 Via della Sposa, 23/a

telephone 075 5720390

url www.trattoriadelborgopg.it

산드리 Sandri dal 1860

바Bar이자 제과점으로, 초콜릿으로 만들어진 제품을 추천한다.

address 코르소 반누치 거리 32번지 Corso Vannucci, 32

telephone 075 5724112

머물기°

프리마베라 미니 호텔 Primavera Mini Hotel

구시가 중심에 위치했으며 깔끔한 시설에 친절한 주인이 머물고 있다. 아침이 제공된다.

address 빈치올리 거리 8번지 Via Vincioli, 8

telephone 075 5721657

open 8:00~21:00(리셉션)

url www.primaveraminihotelephoneit

미니 메트로

보르고 식전빵

아침 시장 풍경

세상의 중심

스펠로

Spello

우연히 스쳐 지나가다 그 아름다움에 순간적으로 반해 우회하지 않을 수 없는 곳. 스펠로는 그렇게 약간의 우연과 운명적인 만남이 필요한 곳이다.

이탈리아 중부를 대표하는 지역이 토스카나Toscana라면, 토스카나만큼 예쁜 자매가 움브리아 지역이다. 그냥 외면하거나 무심코 지나쳐 버리기에 너무나 아름다운 소도시들이 움브리아 주에는 여럿 산재해 있다. 그런 소도시 중 하나가 바로 멀리 새하얀 아시시 풍경이 보이는 옛 로마 인의 도시, 스펠로다. 티베르Tiber 계곡을 굽어보는 수바시오 산Monte Subasio의 남쪽 경사면 넓은 구릉 위에 자리 잡은 중세 마을 스펠로는 우아하게 비탈진 언덕을 따라 자연스럽게 풍경이 흘러내린다.

'극소수의' 여행자들만이 스펠로를 찾는다. 사실 스펠로는 '보통의' 여행자들 여정에는 잘 포함되지 않는다. 아시시나 페루자를 찾는 여행자가 우연히 스쳐 지나가다 그 아름다움에 순간적으로 반해 우회하지 않을 수 없는 곳. 스펠로는 그렇게 약간의 우연과 운명적인 만남이 필요한 곳이다.

6천 명의 주민들이 오순도순 살아가는 작은 도시 스펠로는 아기자기함과 소박함 그리고 옛 로마 시대의 유적들이 잘 조화되어 있어, 독특한 매력으로 이곳을 찾는 여행자들의 마음을 빼앗는다. 고대 로마 시대에 스펠로는 북아프리카와 북유럽으로부터, 그리고 스페인과 근동으로부터 동등한 거리에 위치한 '세상의 중심'이었다.

히스펠룸Hispellum은 스펠로의 옛 이름인데 로마의 지배권을 두고 치러진 페루시네 전쟁Perusine War에서 승리한 아우구스투스가 그의 편에 서서 용맹하게 싸운 군인들을 위해 건설한 도시였다. 6개의 성문과 잘 보존된 성벽들은 중부 이탈리아에서 가장 훌륭한 로마 시대 성벽의 표본으로 인정받고 있다. 스펠로 건축물의 약 80%가 고대 로마 시대에 건설된 유적일 뿐만 아니라 로마 시대 원형극장과 온천 유적이 남아 있어 오늘날 움브리아의 도시들 중에서 가장 로마적인 도시라고 할 수 있다.

도시 전체가 옛 로마의 흔적뿐 아니라 골목 가득 꽃향기로 넘치는 곳이 바로 스펠로다. 그래서인지 스펠로를 방문하기에 가장 좋은 시기는 꽃들이 활짝 꽃을 피우는 봄과 여름이다. 특히 6월 성체 축일Corpus Christi에는 너무나 유명한 인피오라타Infiorata, 꽃 축제가 열린다. 이 축제 기간에는 외국 여행자들을 비롯해 현지인들이 이 도시를 찾아 인산인해를 이룬다. 매년 인피오라타 때 스펠로의 주요 거리는 다양한 색채의 수천 개의 꽃과 향기로운 허브 이파리로 수놓은 아름다운 태피스트리다채로운 염색과 실로 그림을 짜넣은 직물와 모자이크 작품들로 뒤덮인다. 몇 주에 걸친 준비 과정을 거쳐 세상에서 가장 아름다운 꽃길이 만들어지고 성체 축일 전날인 토요일부터 다음날 아침 8시까지 길마다 작품들로 뒤덮인다. 주로 종교적인 이미지나 인물 등이 정교하게 수놓인다.

축일날 꽃길 위로 희생의 삶을 살다간 예수의 몸인 '성체' 행렬이 지나가면, 사람들은 꽃길을 따라 걸으며 꽃처럼 아름답게 살고자 기원하고 다짐한다. 성체 축일 기간에 이탈리아를 방문하게 된다면 아시시나 페루자보다도 먼저 들러야 할 곳이 바로 스펠로임은 그 누구도 부인하지 않는다.

인피오라타 기간이 아니더라도 스펠로는 산책을 좋아하는 여행자들에게 그 자체로 기쁨이 되는 곳이다. 반들반들한 조약길로 덮인 골목길을 따라 유유자적 거닐다 보니 오래지 않아 마을의 가장 높은 지점인 벨베데레Belvedere에 이른다. 오랜 세월의 풍화가 내려앉은 포르타 델라르체Porta dell'Arce 아래로 노부부가 다정히 산책을 하며 멀어져간다. 쨍쨍한 여름 햇살 아래에도 생기가 넘치는 언덕 아래로는 움브리아의 평화로운 평원이 부드럽게 펼쳐지고, 저 멀리 낮은 산 위로 아시시가 손에 잡힐 듯 아스라이 빛나고 있다. 흰 구름이 머물러 있는 파란 하늘 아래, 가을이 오기도 전에 벌써 추수를 끝내고 동그랗게 김밥처럼 말아놓은 밀짚단과 짙은 초록의 사이프러스 나무들이 줄지어 늘어선 풍경이 평화롭다. 잠시 벤치에 앉아 마을 입구에서 사두었던 싱싱한 사과를 한입 베어 물었다.

움브리아는 토스카나와 함께 로마 문명이 꽃 피기 전부터 와인 문화가 존재했던 이탈리아 중부의 와인 생산지로 유명하다. '이탈리아의 초록 심장'이라고 불리는 움브리아의 아름다운 언덕에서는 주렁주렁 열린 포도송이들이 향긋한 와인으로 거듭난다. 오르비에토Orvieto의 화이트 와인은 특히 그 명성이 높다. 그래서인지 스펠로는 작은 마을에 비해 골목길마다 꽤 많은 와인 바와 와이너리가 자주 눈에 띄었다.

수많은 와인 바 중에서도 마테오티 광장Piazza G Matteotti에 있는 '에노테카 프로페르지오Enoteca Properzio'에 들르게 된 것이 스펠로를 찾아온 만큼이나 큰 행운이었음을 깨닫기까지는 오랜 시간이 걸리지 않았다. 호기심 반 허기 반으로 에노테카의 활짝 열린 나무 문 앞에서 어슬렁거리는데 서빙을 하느라 바쁘게 오가던 여직원이 생긋 미소를 지으며 지나쳐간다.

Hamburger
STREETFOOD
IN BOTTIGLIA
PIATTI VEGETARIANI
APERITIVI
BAR
ABARTH
217509 PG

고대 건축의 유산을 간직한 높은 천장은 세련된 현대적 라인으로 되살렸고, 높이 달린 좌우 선반은 움브리아의 다양한 와인으로 채워놓았다.

좀 더 안으로 들어가자 다양한 와인들이 반지하 공간의 선반에 가득하고, 와인에 곁들여 먹을 수 있는 핑거 푸드, 브루스게타bruschetta를 만드는 간단한 주방이 있다. 벽에 붙어 있던 어느 저명한 여행 잡지의 기사는 이곳을 '당신이 에노테카와인을 전시하고 구매할 수 있는 장소를 뜻하는 이탈리아 어에 대해 꿈꾸는 모든 것들을 가지고 있는 곳'이라고 극찬했다. 윤이 나는 대리석 바닥, 프로슈토를 써는 기계, 커피 머신, 풍성한 치즈와 햄 그리고 2천 여 병의 와인들, 올리브 오일, 꿀, 마멀레이드, 각종 소스, 버섯과 트뤼플 등 움브리아 지역의 전통 음식들이 가득 채워진 에노테카는 와인에 깊은 조예가 없는 이가 보기에도 대단했다. 그렇게 감탄을 하고 있는데 얼굴 가득 인자한 미소를 담은 한 남자가 다가왔다. 그는 다름 아닌 이곳의 주인, 로베르토Roberto Angelini 씨였다. 불쑥 찾아온 낯선 여행자를 친절하게 맞아주며 에노테카의 곳곳을 안내해 준다. 그가 지나가는 직원을 불렀다.

– 이 손님에게 와인과 함께 음식을 좀 대접해줘요.

손을 내저으며 사양했지만 오히려 그는 더욱 환하게 웃으며 편하게 와인을 맛보란다. 직원이 어느새 에노테카 입구 노천 테이블 위로 햇살에 반짝이는 와인잔을 가져다 놓았다.

– 바로 옆 마을 아시시의 유기농 포도로 만든 화이트 와인이에요.

여직원이 웃으며 와인을 따라준다. 움브리아의 햇살과 시원한 빗물, 비옥한 토양을 품고 자란 아시시 포도로 만든 와인을 한 모금 들이켜자 텁텁하던 입안이 금세 상쾌해진다. 와인에 곁들여 나온 브루스게타 또한 일품이었다. 바싹 구운 빵에 최고급 올리브 오일을 살짝 적시고 소금으로 간을 맞춘 최고의 핑거 푸드였다. 화이트 트뤼플, 블랙 트뤼플, 파슬리, 토마토 등 다양한 소스가 발라진 다섯 종류의 브루스게타는 와인에 곁들여 먹으니 그 맛이 일품이다. 몇 병의 와인이 차례로 소개되고 잠시 후 테이블 위에는 먹음직스러운 파스타를 담은 접시가 놓였다. 파슬리 가루가 살짝 뿌려진 파스타는 올리브 오일과 소금 간으로 적당히 버무려져 있었다.

– 내가 대접하는 거니까 편안하게 들어요. 아, 그리고 잠깐만 기다려요.

로베르토가 비장의 무기를 선보이겠다는 듯 만면에 미소를 지으며 말했다. 잠시 후 그는 현무암처럼 생긴 시커먼 덩어리 몇 개를 접시에 담아 와서는 그것을 치즈 가는 칼로 잘게 썰어 파스타 위에 듬뿍 뿌렸다.

– 아, 이게 바로 블랙 트뤼플이군요!

유레카를 외친 아르키메데스처럼 소리치자, 그가 눈을 찡긋하며 고개를 끄덕였다.

'주방의 블랙 다이아몬드'라고 불리는 블랙 트뤼플은 오로지 오크Oak

TILI
ASSISI
ROSSO
SASSICAIA
2015
2015

ENOTECA
PROPERZIO

나무와 함께 자란다. 프랑스, 스페인, 이탈리아에서 주로 생산되는 블랙 트뤼플은 그 희귀성으로 인해 가격이 상당히 높게 형성되어 있어 2017년 기준으로 1kg에 4,500유로한화 약 600만원에 판매되었다고 한다. 트뤼플에 대한 기록은 고대 메소포타미아 문명까지 거슬러 올라간다. 수메르 인들도 땅 속에서 자라는 귀한 트뤼플을 알았고, 이미 고대 왕들도 트뤼플의 진미에 마음을 빼앗겼다. 고대 이집트 인들도 트뤼플을 무척이나 좋아했다.

로베르토는 아주 얇게 썰린 블랙 트뤼플을 파스타 위에 골고루 뿌린 후 옆자리에 앉은 그의 친형과 때마침 합석한 친구의 접시에도 듬뿍 뿌렸다. 한 조각을 집어 냄새를 맡아 보니 버섯향과 신선한 흙냄새가 났고 씹는 식감은 쫄깃했다. 그렇게 완성된 파스타는 원재료의 맛이 살아 있는 심플한 듯하면서도 깊은 맛이었다. 식사가 끝나자 와인 접대가 다시 시작되었다. 조금 강한 맛의 1997년산 아시시 로소 틸리Assisi Rosso Tili는 무화과를 곁들인 프로슈토와 함께 제공되었다. 처음의 화이트 와인보다 향이나 맛이 조금씩 강해졌다. 환한 대낮에 와인으로 인해 얼굴이 상기되고 조금 취기가 올랐다.

– 이제 일어나야겠어요. 좋은 와인과 음식을 대접해주셔서 감사해요.
– 아, 잠깐만. 이제 진짜 베스트가 나와. 조금 더 마셔요.

그는 잠시 후, 이탈리아 와인 품계에서 가장 상위급으로 인정받아 DOCGDenominazione di Origine Controllata e Garantita 공인을 받은 아마로네Amarone della Valpolecella를 한 잔 따라주었다. 이후에도 그는 사그란티노Sagrantino, 사시카이아Sassicaia 등 아직 좋은 와인이 많이 남았다며 붙잡았다. 원한다면 얼마든지 자신의 와인들을 다 맛보여 줄 기세였다.

– 언제든 스펠로에 오면 이곳으로 찾아와요.

그는 끝까지 환한 미소를 잃지 않았다. 자신의 와인에 대한 자부심으로 눈부시게 웃으며 낯선 여행자에게 베풀던 로베르토로 인해 스펠로는 이미 꽃보다 더 아름다운 도시였다.

이후 스펠로는 내게 제2의 고향 같은 곳이 되었다. 틈나는 대로 이곳을 찾았다. 로베르토의 형 카를로Carlo, 아들 루카Luca, 사위가 된 안드레아Andrea를 비롯해 가족들과도 친해졌고, 실비오Silvio라는 이탈리아 이름도 얻었다. 아들 루카를 대하듯 정성을 들여 요리해서 나에게 밥상을 차려 주는 다니엘라Daniela는 고향 집 어머니와 마찬가지였다. 시장 모레노Moreno, 동네에 한 대밖에 없는 택시 기사인 카지미로Cazimiro와도 친구가 되었다. 로베르토의 딸 이레네Irene의 결혼식에 유일한 동양인으로 초대받아 한 달 동안 그 집에 머무르며 결혼식에 참석하는 영광을 누리기도 했다. 작은 동네인 스펠로에 모인 세계 각지에서 온 사람들을 만나고, 새로운 여행의 세계가 열리는 경험은 경이로웠다. 여행은 무조건 움직이는 무언가가 아니라 타자를 향해 열려 있는 그 무엇이라는 것, 내가 세상으로 들어가는 게 아니라 세상이 내게로 들어오게 하는 것. 스펠로를 통해 깨달은 여행의 진정한 의미였다.

가보기°

페루자에서 기차로 30분, 아시시에서 10분 소요된다. 페루자에서는 버스로 30분이면 도착한다. 아시시나 페루자에 머물면서 당일치기 코스로 적합한 작은 마을이다. 스펠로 기차역에는 직원이 없으므로 역내 자동판매기에서 티켓을 구입하거나 인근의 파세 광장Piazza della Pace에 있는 신문 가판대 리벤디타 조르날리Rivendita Giornal에서 미리 구입해 두어야 한다.

맛보기°

에노테카 프로페르지오 Enoteca Properzio

움브리아에서 가장 오래되고 이탈리아를 통틀어서 세 번째로 오래된 전통의 에노테카다. 안젤리니Angelini 가문이 8대째 가업으로 에노테카를 이어가고 있다.

address 마테오티 광장 내 카노니치 팔라초 건물 Piazza G. Matteotti, 8/10

telephone 074 2301521

url www.enotecaproperzio.it

오스테리아 데 다다 Osteria de Dada

팔라초 코무날레Palazzo Comunale, 시청사 근처에 위치해 있다. 점심 세트가 저렴해서 현지인들에게 인기있는 곳이다. 안티파스토Antipasto, 프리모, 세콘도, 돌체와 자릿세까지 모두 포함된 메뉴 콤플레토Menu Completo는 20~25유로 내외.

address 카부르 거리 47번지 Via Cavour, 47

telephone 074 2301327

들러보기°

인피오라타 Infiorata, 꽃 축제

매년 5월 하순이나 6월 성체 축일Corpus Christi에 열리는 유명한 꽃축제. 매년 인피오라타가 되면 스펠로의 주요 거리는 다양한 색채의 꽃들과 향기로운 허브로 뒤덮인다.

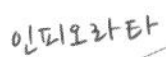

브루스케타

블랙 트뤼플 파스타

화려하지 않은 행복

피렌체

Firenze

우린 정말 행복해요. 당신 같은 친구를 만날 수 있고, 아름다운 도시 피렌체에서, 그리고 이곳 아니타에서 일하는 게 정말 좋아요.

이탈리아의 심장이라 할 수 있는 토스카나의 수도이자 중세 르네상스 문화를 낳고 활짝 꽃피운 피렌체. 피렌체는 그 다채로운 예술, 역사, 문화유산으로 '르네상스의 요람', '중세의 아테네', '이탈리아 예술의 수도' 등 다양한 이름으로 불린다.

피렌체 역사지구Centro Storico di Firenze는 1982년 이미 유네스코 세계 문화유산으로 선포되었다. 우아한 광장, 르네상스 시기의 궁전, 장엄한 성당, 예술적 향기가 넘치는 박물관, 풍성한 전설과 신화가 깃든 석상들로 가득 채워진 피렌체는 도시 자체가 중세이자 역사이고 예술이다. 더불어 피렌체는 단테, 다 빈치, 미켈란젤로, 갈릴레이, 도나텔로, 보카치오, 보티첼리, 마키아벨리, 구치, 페라가모 등 역사, 문학, 예술, 건축, 학문, 패션 분야 위대한 인물들의 출생지, 혹은 그들의 선택을 받은 거주지였다.

일주일은커녕 한 달을 돌아보아도 다 볼 수 없는 곳이 피렌체지만 짧은 기간일지라도 이곳에 들르는 사람은 누구나 그 매력에 취하게 된다. 2007년 세계 여행자들에게 가장 매력적인 여행지로 지명된 조사 결과는 어쩌면 당연한 것인지도 모른다.

피렌체 역사지구는 도보로 여행하기에 적절한 곳이다. 가벼운 발걸음으로 걷다보면 아르노Arno 강변을 마치 습관처럼 거닐고 있는 듯한 자신을 발견하게 된다. 탁한 흙탕물이지만 유유히 흐르는 강을 따라 거니는 시간들이 좋다. 수많은 다리들이 이어져 있고 강둑을 따라 길게 늘어선 주택들은 정겹기만 하다. 사실 아르노 강은, 상업으로 이 도시를 번성케 해준 동시에 한때 홍수로 인한 범람으로 도시를 파괴해 피렌체 시민들에게는 애증의 대상이다.

아르노 강을 따라 걷다가 발걸음을 멈추게 되는 곳이 바로 강 위의 다리 중 가장 오래된 베키오 다리Ponte Vecchio다. 이곳이 유명한 이유는 단순히 오래되었기 때문만은 아니다. 다리 가장자리를 따라 다닥다닥 붙어 있는 낡은 주택들과 금은세공품 가게들이 중세의 느낌을 생생하게 재현해준다. 베키오 다리에는 아름다운 이야기 또한 전해져 온다. 9살의 단테가 8살의 베아트리체를 만나 첫눈에 반했다고 알려진 곳이 바로 이 베키오 다리다. 그들은 우연히 9년 뒤에 같은 다리에서 재회하게 되는데, 그래서인지 다리 중간쯤 피렌체 출신의 조각가 첼리니Benvenuto Cellini의 흉상 아래 쳐진 울타리에는 수많은 연인들이 사랑을 맹세한 자물쇠들로 한때 가득했다. 단테와 베아트리체가 운명적 만남을 가졌던 베키오 다리에서 사랑을 맹세하는 연인들. 이제 사랑의 자물쇠는 다리의 미관과 안전상의 문제로 더 이상 채울 수 없지만 베키오 다리는 늘 연인들로 가득하다.

베키오 다리를 지나자마자 우피치Uffizi 미술관이 있는 시뇨리아 광장Piazza della Signoria으로 발걸음을 향한다. 본래 메디치Medici 가의 궁전으로 사용되었던 우피치 미술관은 메디치 가의 후원 속에 보티첼리의 〈봄〉과 〈비너스의 탄생〉, 미켈란젤로의 〈성가족聖家族〉, 라파엘로의 〈방울새의 성모〉, 티치아노의 〈우르비노의 비너스〉 등 명작 중의 명작을 소장한 것으로 손꼽히는 세계적인 미술관이다. 그래서인지 이 미술관 주변에는 수많은 거리화가들이 화구를 펼쳐놓고 열심히 그림을 그리고 있다. 시뇨리아 광장에 우뚝 솟은 베키오 궁전Palazzo Vecchio 주변에도 수많은 역사와 신화를 담고 있는 조각상들이 시위하듯 장엄하게 서서 여행자들의 카메라 세례를 받고 있다. 특히 미켈란젤로의 〈다비드상〉은 최고 인기다. 사실 원본은 파손을 막기 위해 아카데미아 미술관Galleria dell'Accademia에 보관되어 있고 베키오 궁전 앞에 있는 것은 복제품이지만, 거장의 손길을 그대로 느낄 수 있어 여행자들에게는 단연 최고의 인기다. 또한 오늘날까지도 본연의 기능을 발휘하고 있는 고대 로마 수로의 종점에 건설된 넵튠의 분수Fontana del Nettuno는 대리석 조각의 걸작으로 손꼽힌다.

예술과 문화의 향기가 곳곳에 배어 있는 피렌체에서 마음은 이미 배부르지만, 뱃속에서는 별수 없이 꼬르륵 소리가 들려온다. 허기가 느껴지자

마자 몇 년 전 여행길에서 피렌체의 골목을 배회하다 우연히 들렀던 레스토랑, 트라토리아 아니타Trattoria Anita가 본능적으로 떠올랐다. 관광객보다는 현지인들로 북적이던, 저렴한 가격에 비해 그 맛은 결코 잊을 수 없는 아니타에서의 한끼 식사는 당시 피렌체 여행의 뜻밖의 즐거움이었다.

오랜 기억을 되살려 찾아가는 그 길은 짜릿한 스릴이 느껴졌다. 베키오 궁전 뒷골목을 더듬어가다가 '아니타'라고 써 있는 소박한 네온사인 간판을 발견했을 때의 반가움이란…….

트라토리아 아니타는 내부 벽면을 따라 높이 설치한 선반 위에 와인들을 진열해 놓았다. 나무를 덧댄 벽면과 노랗게 칠한 윗벽과 천장, 소박하게 매달린 샹들리에가 편안함으로 다가온다. 옛날 주택의 내부를 그대로 살린 아치형 인테리어 구조는 정감이 넘친다.

시원한 생수 한 병과 하우스 와인 한 병을 먼저 주문했다. 부드러운 미소의 직원 니콜라는 생수와 와인 그리고 작은 빵바구니 하나와 함께 작은 초도 가져다준다. 촛불 하나 켰을 뿐인데 피렌체의 저녁이 더욱 낭만적으로 변한다. 토마토 양상추 샐러드와 함께 주문한 오늘의 메인 메뉴는 다름 아닌 피렌체에서 반드시 맛보아야 할 최고의 요리, 비스테카 알라 피오렌티나Bistecca Alla Fiorentina. 주문을 받은 니콜라는 최고의 선택이라는 듯 엄지를 치켜세운다.

토스카나의 자랑거리인 비스테카 알라 피오렌티나를 글자 그대로 번역하면 '피렌체 비프스테이크'다. 두툼한 고기 속에 T자형 뼈가 들어가 있어 일명 '티본 스테이크T-bone Steak'라고도 불린다. 이 요리는 토스카나 지방의 대표 요리여서 어느 레스토랑에서든 손님의 입에서 '피오렌티나'

라는 말이 떨어지면 직원은 더 이상 얘기를 나눌 것도 없이 탁월한 선택이라는 듯 고개를 끄덕이며 주문서를 작성한다. 사실 이 요리는 기원전 8세기 에트루리아Etruria 인들의 벽화에도 등장한 오랜 역사를 지닌 전통 요리다. 19세기에 피렌체에 정착하거나 여행을 온 영국인들로 인해 명성을 떨치게 되었다.

진정한 비스테카 알라 피오렌티나는 이탈리아 중부 토스카나 주와 움브리아 주에 걸쳐 있는 비옥한 키아나 계곡Val di Chiana에서 키운 토종소 키아니나Chianina Breed 종의 부드럽고 신선한 고기로 요리된다. 키아니나는 이탈리아에서 가장 오래된 종이면서 피하지방이 적고 콜레스테롤이 낮아 세계적인 최상급 소로 꼽힌다.

요리법은 지극히 단순하다. 오크 나무 장작이나 석탄불에 고기의 맛을 더욱 풍부하게 해주는 올리브 오일, 로즈마리 그리고 소금과 후추만이 필요할 뿐이다. 피렌체 스테이크는 최고의 육질을 위해 굽기 전에 미리 어느 정도 자연 건조를 통해 고기를 살짝 건조시켜야 한다. 또 냉장고에서 고기를 한 시간 정도 미리 꺼내 실내 온도와 고기의 온도를 일치시켜 둔다. 고기를 그릴에 구울 때는 양면을 각각 5~10분 정도씩 레어나 미디엄 레어로 굽는데, 그릴마이스터Grillmeister의 자랑인 십자형으로 교차된 그릴 마크를 남기고 싶다면 고기를 10시 방향으로 굽다가 뒤집어서 2시 방향으로 구워주면 그릴 마크를 얻을 수 있다. 양면을 다 구운 후에는 고기를 세워 5분 정도 굽는데 이는 뼈에 묻어 있는 피를 흘러나오게 하기 위한 과정이다. 고기를 다 구운 후에는 접시나 나무판 위에 젓가락을 양쪽으로 걸친 뒤 그 위에 고기를 올려놓고 5분 정도 휴지하는 시간이 필요하다. 접시에 닿는 면이 축축해지는 걸 막기 위해서다.

복잡한 과정을 다 거치고 나서 마침내 먹음직스럽게 구워진 비스테카 알라 피오렌티나가 니콜라의 손을 거쳐 테이블에 도착했다. 레몬과 웨지감자, 절인 올리브를 곁들인 십자형 그릴 마크가 선명한 스테이크를 보자마자 저절로 입에 침이 고인다. 겉은 바삭하게 구워졌고 속은 선홍빛 신선함이 그대로다. 한 점 썰어 입에 넣자마자 고소하면서도 부드러운 육질이 입 안에서 스르륵 녹아내린다.

하우스 와인을 조금씩 들이켜며 깊어가는 밤 아름다운 피렌체의 만찬을 여유롭게 즐겼다. 접시에는 어느새 T자형 뼈만 덩그러니 남고 세상에서 가장 맛있는 비스테카 알라 피오렌티나는 뱃속으로 사라졌다.

– 니콜라, 디저트를 추천해 주세요.

– 그렇다면 크림 브륄레Creme Brulee를 추천할게요.

니콜라가 미소를 잃지 않고 말한다. 크림 브륄레는 '태운 크림Burnt Cream'이란 뜻인데, 달걀과 우유 등으로 만든 부드러운 커스터드 크림 위에 딱딱하게 그을린 설탕 캐러멜을 얹은 디저트를 말한다. 바삭 하고 부서지는 설탕 캐러멜과 부드러운 크림의 어울림이 그저 감탄사만 자아낼 뿐이다.

손님이 하나 둘 자리를 뜨자 니콜라가 다가와 이런저런 얘기를 한다.

– 이곳에서 일한 지도 벌써 20년이 넘었네요. 이곳 직원들은 다 내 친

형제들이에요.

그러고 보니 홀에서 서빙을 보는 세 직원이 모두 닮았다. 니콜라의 두 동생, 쟌니와 마우리조가 어느새 주위로 몰려와 아니타의 예전 이야기, 자신들의 이야기를 술술 털어놓는다.

– 큰형은 여기에서 일한 지 22년이나 되었답니다. 함께 일할 수 있어서 우린 정말 행복해요. 당신 같은 친구를 만날 수 있고, 아름다운 도시 피렌체에서, 그리고 이곳 아니타에서 일하는 게 정말 좋아요.

그들은 비록 화려하진 않지만 인생에서 가장 소중한 행복을 발견한 사람들이었다. 그 세 형제를 바라보며 진심어린 고백을 하지 않을 수 없었다.

– 이제 피렌체 하면 가장 먼저 아니타가 떠오를 것 같아요. 즐겁게 살아가는 안토넬리 가의 세 형제, 당신들이요.

아니타에서 한참 식도락에 빠져 있던 시간, 바깥세상에는 소나기가 쏟아졌나 보다. 한여름밤의 시원한 소나기에 촉촉이 젖은 피렌체의 밤은 고요하고 품위가 넘쳤다. 여행자들은 뿔뿔이 사라지고 빗방울 맺힌 노천 테이블에는 가로등 불빛만이 영롱하게 빛난다. 조명이 켜져 있는 골목길 상점들을 구경하며 피렌체의 밤거리를 거닐었다. 진열대 안에 높게 쌓여 있

는 젤라토, 우아한 병에 담긴 향수, 전통 술과 과자, 치즈들이 가게마다 멋스럽게 진열되어 있었다. 걷다보니 어느새 피렌체의 뜨거운 심장 두오모에 이르렀다. 변치 않는 아름다움으로 빛나는 두오모 앞에 서면 늘 스스로의 왜소함을 느낀다. 그리고 꺼지지 않는 인간의 예술혼에 취한다.

숙소로 돌아가는 길, 고대 로마 시대 피렌체 최초의 포럼Forum이었던 레푸블리카 광장에 들렀다. 불 밝힌 회전목마는 적막한 광장의 어둠 속에서 손님도 없이 빠르게 회전했고, 대여섯 명의 젊은이들은 회전목마에서 흘러나오는 음악에 맞춰 춤을 추었다. 피렌체의 밤은 그렇게 스스로 흥에 겨워 추는 춤과 함께 흘러갔다.

다음날, 피렌체 근교에 다녀오니 늦은 오후였다. 유럽의 도시들 중 최고라고 자타가 인정하는 피렌체의 일몰을 놓치지 않기 위해 숙소 앞에서 황급히 택시를 탔다.

– 미켈란젤로 언덕으로 얼른 가주세요.

나이 지긋한 택시기사는 아르노 강을 건너자마자 좁은 골목길과 가파른 언덕길을 이리저리 달려, 피렌체의 전경이 시원스럽게 펼쳐진 미켈란젤로 언덕에 내려주었다. 이미 미켈란젤로 언덕의 계단과 난간은 여행자들로 빼곡히 들어찼다. 아르노 강으로 비껴드는 황금빛 햇살이 도시를 신비롭게 감싼다. 거리 공연을 하는 두 남자의 노랫소리조차 일몰의 황홀함 때문에 큰 매력으로 다가오지 않는다. 서쪽 하늘에 머물러 황금빛

을 내던 햇살이 마침내 도시를 가로지르는 아르노 강을 붉게 물들인다. 하늘이 불타고, 산이 불타고, 대기가 불타고, 붉은 지붕에도 불이 붙었다. 순간 계단에 앉아 있던 여행자들이 박수를 쳤다. 어깨를 기대고 있던 다정한 연인은 세상에서 가장 황홀한 일몰을 바라보며 달콤한 키스를 나누었다.

사람들의 심장은 뜨겁게 박동하고, 가슴은 붉게 타올랐다. 해가 완전히 떨어지자 마치 황홀한 꿈에서 막 깨어난 사람처럼 곳곳에서 '아!' 하는 탄식소리가 들려왔다. 강을 따라 도시의 광장과 골목마다 가로등이 하나 둘 켜질 때 터벅터벅 언덕길을 내려왔다. 시간이 흐르면 피렌체의 밤은 한 떨기 꽃이 된다.

가보기°

피렌체 중앙역은 산타 마리아 노벨라역Stazione di Santa Maria Novella, Firenze S.M.N이다. 이탈리아의 핵심 관광도시답게 로마, 볼로냐, 밀라노, 베네치아 등 주요 도시를 오가는 정규 열차가 연결되어 있다. 피사, 루카 등 토스카나의 주요 도시들을 연결하는 지역선 열차도 자주 있다. 주요 도시들은 기차 편이 유리하고, 근교의 시에나, 산 지미냐노에서 올 때는 시타 버스를 이용하는 편이 좋다.

시타 버스 Sita bus

피렌체 S.M.N역 서쪽에서 탄다. 시에나에서 1시간 15분 소요, 산 지미냐노에서는 포지본시Poggibonsi에서 갈아타고 와야 한다. 총 1시간 30분~2시간 소요.

address 산타 카테리나 다 시에나 거리 17r번지 Via Santa Caterina da Siena, 17r
telephone 800 373760
url www.sitabus.it

맛보기°

트라토리아 아니타 Trattoria Anita

점심과 저녁 세트 메뉴로 비스테카 알라 피오렌티나(티본 스테이크)를 강력 추천한다. 아스파라거스와 크림 소스를 곁들인 닭고기 요리도 맛있다.

address 델 파를라시오 거리 2/R번지 Via del Parlascio 2/R
telephone 055 218698

머물기°

호텔 스코티 Hotel Scoti

16세기 우아한 르네상스풍의 팔라초를 개조한 호텔로, 실내 가구나 장식이 중세의 느낌 그대로다. 구시가 중심인 아르노 강가에 위치하고 있어서 도보 여행에 적합한 곳이다.

address 토르나부오니 거리 7번지 Via de'Tornabuoni, 7
telephone 055 292128
url www.hotelscoti.com

티본 스테이크

닭고기 요리

호텔 스코티

판포르테의 달콤함

시에나

Siena

아기 예수의 선물, 판 포르테.
카발루치 세 조각과 빈 산토가 어우러진 천상의 시간.

토스카나 중부의 아름다운 도시 시에나를 생각할 때면 가장 먼저 캄포 광장Piazza del Campo이 떠오른다. 빛바랜 회색 건물들 한가운데 부채꼴로 펼쳐진 붉은 캄포 광장은 한 폭의 열정적인 바다다. 그 광장 여기저기에 여행자들은 드러눕거나 자리를 잡고 앉아 책을 읽고, 사색에 빠지거나 또는 쏟아지는 햇살에 그저 일광욕을 하기도 한다. 눈부신 태양은 푸블리코 궁전Palazzo Pubblico 위로 우뚝 솟은 만자 탑Torre del Mangia 꼭대기에 걸려 있다. 쏟아지는 햇살 세례에 마음속에는 그림자조차도 깃들 자리가 없다. 광장에 서 있기만 해도 갑갑했던 가슴은 자신도 모르는 새 시원하게 뻥 뚫린다.

광활한 캄포 광장에서 열리는 안장 없는 경마 대회 팔리오Palio는 시에나의 펄떡대는 심장과도 같다. 1482년 처음 개최된 뒤 대대적으로 정비한 1659년부터 매년 개최되는 전통 축제다. 중세 시대 시에나의 독립 자치구였던 17개 콘트라데Contrade 중 선발된 10개의 콘트라데 기수들은 이 축제 때 승리의 깃발인 팔리오를 쟁취하기 위해 필사적으로 박차를 가한다. 지축을 울리는 말발굽 소리와 캄포 광장을 가득 메운 수만 관중들의 함성, 콘트라데를 대표하는 깃발들은 마치 중세의 전쟁터를 방불케 한다. 축제가 열리지 않는 기간에 들러도 마치 중세의 기사들의 호령과 말발굽 소리가 가슴을 울리는 듯한 착각이 든다. 그래서인지 캄포 광장에

64

발길을 들여놓으면 시들하던 영혼은 다시 기지개를 켜고 무표정하던 얼굴에는 생기가 감돌기 시작한다. 이곳에 발길을 들여놓을 때마다 동일한 기운을 느끼는 걸 보면 캄포 광장은 아마도 영혼의 충전소가 아닐까.

드넓은 광장을 어슬렁거리는데, 광장을 둘러싸고 있는 카페 테이블에 나이 지긋한 노인들이 모여 담소를 나누고 있다. 그 모습이 보기 좋아 카메라를 슬쩍 들이댔다.

– 노인들을 찍어서 뭐하려구?

손사래를 치면서도 환히 웃어준다. 시에나와 함께 세월을 보내온 그들의 모습에서 이제는 노년의 평온함이 느껴진다. 젊은 시절에는 콘트라데의 자부심을 걸고 서로 아웅다웅 겨루기도 했지만, 이제 광장 한켠에서 흐르는 시간을 관조하며 짓는 미소에서는 삶의 연륜이 묻어난다.

캄포 광장의 매력에서 벗어나 시선을 광장 주변의 카페와 가게들로 돌렸다. 푸블리코 궁전을 마주 보고 조개껍질처럼 펼쳐진 광장을 가볍게 한 바퀴 돌아본다. 작은 골목마다 콘트라데를 상징하는 팔리오 깃발들이 가끔 불어오는 바람에 펄럭이고, 무더운 여름철이라 그런지 젤라토 가게마다 젤라토를 산더미처럼 쌓아놓고 팔고 있다. 식료품 가게마다 진열된 형형색색의 파스타 재료들은 마치 인테리어 소품처럼 아기자기 예쁘기만 하다. 수제 만년필과 펜촉, 잉크 세트는 컴퓨터 키보드에 익숙한 사람들도 탐을 낼 정도로 우아하고 고풍스럽다. 가게들마다 오랜 전통과 역사가 절로 느껴진다. 가게 주인들도 시에나와 함께 긴 세월을 함께 보낸 나이 지긋한 노인들이 대부분이다. 골목골목 기념품 가게와 레스토랑을 구경하며 걷는 시간들이야말로 소도시 여행의 아기자기한 즐거움이라는 것을, 골목길을 거닐어본 사람이라면 누구나 안다.

언제나 약속이나 한 듯 가난한 여행자를 잊지 않고 찾아오는 것은 허기다. 광장에 위치한 지리적 이점으로 인해 비싼 식당보다는 작은 골목길에 있는 식당이 더욱 운치 있고 숨은 맛집이라는 걸 여행을 하면 할수록 깨닫게 된다. 그래서 광장에 있는 큼직큼직한 레스토랑을 지나쳐 푸블리코 궁전 오른쪽으로 난 작은 골목으로 향했다. 특별히 간판을 내걸지도 않은 소박한 선술집, 오스테리아 일 카로치오Osteria Il Carroccio 앞에서 발걸음이 멈췄다. 유리창 입구에는 슬로푸드 회원이라는 표시와 수십 년 동안 지역 추천 식당으로 선정됐음을 알리는 스티커들이 빼곡히 붙어 있다. 안에 들어서자 그대로 드러난 낡은 벽돌 천장과 내벽이 오랜 세월을 느끼게 해준다. 연한 파스텔 톤으로 칠해진 내부는 여행에 지친 여행자에게 편안함을 선사한다.

– 이 지역 특유의 메뉴를 추천해 주실래요?

메뉴판을 들고 온 웨이트리스에게 선뜻 메뉴 추천을 부탁했다.

– 피치Pici 파스타를 한번 드셔 보세요. 도톰한 면발을 이곳에서 직접 만든답니다.

그녀의 추천에 따라 조금도 고민하지 않고 피치 파스타를 주문했다. 얼마 후 그녀의 말대로 정말 굵은 면발의 파스타가 접시에 담겨 나왔는데, 버섯, 햄, 양파 그리고 쌉싸름한 맛이 나는 루콜라Rucola가 들어간 풍미 좋은 파스타였다. 굵은 면발 때문인지 입안에서 씹히는 느낌이 투박하면서도 은근히 부드러웠다. 피치 파스타를 먹고 만족해하는 모습을 보고는 웨이트리스가 한껏 밝아진 표정으로 다가온다.

– 디저트는 어떤 걸로 하시겠어요?

– 시에나 전통 디저트는 없을까요?

– 이곳 시에나의 대표 디저트는 아몬드 쿠키인 판포르테예요. 식사 후에는 보통 카발루치를 추천해요. 빈 산토, 그러니까 성스러운 와인이 곁들여져 나와요.

판포르테Panforte는 시에나 최고의 디저트로서 자타가 공인하는 전통 쿠키다. 꿀과 향신료, 설탕에 절인 과일과 견과류, 특히 아몬드가 절묘하게 조화된 천상의 맛을 자랑한다. 판포르테의 기원에 관해서는 역시 수많은 이야기들이 전해져 내려온다. 그 중 가장 유력한 설은 13세기에 견습 수녀인 레타가 쥐가 파먹은 설탕 더미와 향신료 그리고 아몬드를 버리기 아까워 꿀을 넣어 판포르테를 만들게 되었다고 하는 이야기다.

좀 더 오래된 이야기는 아기 예수의 탄생 시기로 거슬러 올라간다. 가난한 고아 소년이 하늘의 큰 별을 쫓아가다가 아기 예수 앞에 이르게 되었다. 아무것도 가진 게 없던 그 소년은 자기 주머니 속에 넣어 두었던

빵 부스러기라도 아기 예수에게 선물로 주고자 했다. 그러자 아기 예수의 아버지 요셉은 그걸 받아 서까래 위에 있던 새들 중 한 마리에게 부스러기 일부를 주고, 나머지는 그 소년에게 되돌려 주었다. 소년은 자신의 선물이 너무 형편없다는 생각에 눈물을 흘렸다. 그런데 그때, 하늘에서 누군가의 목소리가 들려 왔다.

– 고맙구나, 애야.

할머니와 함께 살고 있던 허름한 오두막에 돌아왔을 때 소년은 찬란한 빛 속에 서 있는 자신의 부모를 발견했다. 테이블 위에는 잔칫상이 준비되어 있었다. 화려한 접시들이 놓여 있고 그 접시 위에는 아몬드와 꿀, 달콤한 과일과 향신료로 천상의 맛과 향기를 내는 판포르테가 담겨 있었다.

시에나에서 시작된 판포르테는 이탈리아 전역에 널리 퍼지게 되었고, 시간이 흐르면서 다양하게 변형된 판포르테들이 등장하기 시작했다. 오늘날 가장 인기 있는 판포르테는 약간 쓴맛이 나고 '네로Nero'라는 이름처럼 검은색을 띠는 판포르테 네로Panforte Nero와 달콤한 설탕 가루가 뿌려진 밝은 색의 판포르테 마르게리타Panforte Margherita 두 종류다. 이탈리아에서 판포르테의 도시로 인정받는 시에나 곳곳에는 다양한 판포르테 전문점이 있다. 혹자는 콘트라데의 숫자를 의미하는 '17' 때문에 판포르테는 반드시 17가지 재료가 포함되어야 한다고 주장하기도 한다.

잠시 후 웨이트리스가 한껏 미소 띤 얼굴로 카발루치Cavallucci 세 조각과 빈 산토Vin Santo가 담긴 연둣빛 접시를 앞에 내려놓았다. 새하얀 설탕가루가 뿌려진 앙증맞은 카발루치와 함께 제공되는 빈 산토는 토스카나 지역의 전통 디저트 와인이다. 빈 산토는 특히 다른 와인과는 달리 호박 빛깔이 특징이다. '성스러운 와인'이라고 불리게 된 이유는 달콤한 와인을 선호하는 종교 미사에서 주로 이 와인을 애용했기 때문이다.

카발루치를 한 조각 베어 물자 달콤한 기운이 입안 가득 퍼져나간다. 빈 산토를 한 모금 입안에 머금자 달콤하면서 조금은 쓴맛이 묘하게 어울린다. 카발루치와 빈 산토 와인 속에 수백 년을 이어온 시에나 인들의 전통과 향기가 담겨 있다. 여행이 즐거운 이유는 이런 작은 쿠키 한 조각, 와인 한 모금 속에서 그 도시를 느끼고 과거를 그려볼 수 있기 때문이다.

다시 캄포 광장에 섰다. 서쪽으로 기운 여름 햇살이 이제는 부드럽게 느껴진다. 어쩌면 달콤한 카발루치 몇 조각으로 고단한 여행에 거칠어졌던 마음이 부드러워지고, 향긋한 빈 산토 몇 모금에 세속에 때묻은 마음이 정화된 건지도 모르겠다. 광장을 거니는 발걸음에도 좀 더 여유가 담기고, 이제는 광장을 향해 불어오는 시원한 바람을 가슴으로 느낄 수 있었다.

가보기°

시에나는 기차 노선이 연결되어 있지 않아 버스를 이용하는 게 편리하다. 피렌체에서 1시간 13분, 산 지미냐노에서 1시간~1시간 15분, 로마에서는 3시간 소요된다. 버스 정류장은 그람치 광장Piazza Gramsci에 있으며 광장 지하에 매표소와 수하물 보관소가 있다.

맛보기°

오스테리아 일 카로치오 Osteria Il Carroccio

캄포 광장 근처의 슬로푸드 운동 맛집. 면발이 두꺼운 피치Pici 파스타를 추천한다.

address 델 카사토 디 소토 거리 32번지 Via del Casato di Sotto, 32

telephone 057 741165

난니니 Nannini

시에나 최고의 전통 판포르테 가게. 캄포 광장 근처에 있다.

address 반키 디 스포라 24번지 Banchi di Spora, 24

telephone 057 7236009

url www.pasticcerienannini.it

안티카 드로게리아 만가넬리 Antica Drogheria Manganelli

1879년에 처음 오픈한 전통 판포르테 가게로, 난니니에 버금가는 시에나의 유명 가게.

address 디 치타 거리 71-73번지 Via di Citta, 71-73

telephone 057 7280002

해보기°

팔리오Palio **축제 참가**

중세에 시작된 시에나 최대의 축제로 7월 2일(오후 7시 45분), 8월 16일(오후 7시) 캄포 광장에서 안장 없는 말을 타고 경주가 열린다. 17개의 콘트라데Contrade, 시에나의 행정 구역 중 선발된 10개의 콘트라데가 자신의 깃발을 앞세우고 경주를 한다. 세계적으로 유명한 축제여서 미리 숙소를 예약해 두고, 당일 관람을 위해서는 미리 너덧 시간 전에 광장에 자리를 잡아야 한다.

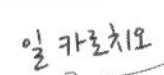

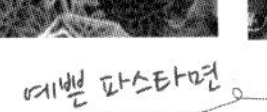

시에나의 기념품

이탈리아 미식의 수도

볼로냐

Bologna

탐부리니에서의 행복한 식사를 위해 길게 이어진 사람들 뒤에 줄을 섰다.
그러고는 초롱초롱한 눈으로 수많은 요리 중에서 무얼 고를까 깊은 고민에 빠졌다.

이탈리아 북부 포Po 강과 아펜니노 산맥 사이에 위치한 비옥한 도시 볼로냐는 로마 제국의 식민지를 거치면서 윤택한 도시로 성장했다. 13세기 말에는 코르도바, 파리, 베네치아, 피렌체, 밀라노의 뒤를 이어 유럽에서 여섯 번째 큰 도시로 명성을 떨치기도 했다. 볼로냐는 풍부한 역사와 예술, 요리, 음악과 문화로 인해 '2000년 유럽의 문화 수도2000's European Capital of Culture'로 선정되기도 했다. 지금까지도 삶의 질에 있어서 늘 이탈리아 최고 순위에 랭크되는 풍요로운 곳이기도 하다.

수세기에 걸쳐 볼로냐는 다채로운 역사와 문화, 건축으로 인해 자연스레 다양한 별명을 얻게 되었다. '현자들의 도시 볼로냐Bologna la Dotta'는 천 년에 가까운 역사를 자랑하는 볼로냐 대학교가 위치하기 때문에 붙여진 별명이다. 법학, 신학, 철학, 의학으로 유명한데, 의학 분야에서는 최초로 해부학을 강의한 곳으로도 유명하다. 이곳에서 공부한 저명한 인물로는 단테, 에라스무스, 코페르니쿠스 등이 있다. 〈장미의 이름〉, 〈푸코의 진자〉 등을 펴낸 세계적인 베스트셀러 작가 움베르토 에코Umberto Eco(1932~2016)도 볼로냐 대학의 기호학 교수였다. 2000년에는 세계 최초의 대학임을 강조하기 위해 '알마 마테르 스투디오룸Alma Mater Studiorum, 모든 학문의 모교'이라는 새로운 표어를 짓기도 했다.

'붉은 도시 볼로냐Bologna la Rossa'라는 별명은 구시가지의 붉은 지붕들 때문에 붙여진 이름이다. 구시가 중심에 우뚝 솟은 가리센다Garisenda 탑에 오르면 초록 자연에 안긴 붉은색의 볼로냐를 두 눈으로 확인할 수 있다. 붉은 도시 볼로냐는 붉은 지붕 색깔 때문이기도 하지만, 제2차 세계대전 이후 볼로냐가 걸어온 정치적인 성향과도 관련이 있다. 좌파 성향이 강한 이 도시는 특히 사회주의와 공산주의의 보루로서 명성을 떨치고 있다. 2004년 시장으로 선출된 중도 좌파 성향의 정치인 코페라티Sergio Cofferati는 유럽 최초로 무료 대중교통 정책을 도입하기도 했다.

볼로냐는 '레지스탕스의 도시'로 불리기도 한다. 독재자 무솔리니에 저항해 목숨을 던졌던 시민들의 얼굴을 시청 벽에 하나하나 새겨 추모하고 있다. 또한 볼로냐 대학 앞의 거리에는 무솔리니에게 폭탄을 던진 소년 참보니의 이름을 붙여 기리고 있다. 그래서 '붉은 도시 볼로냐'는 볼로냐의 외양과 내면을 동시에 표현하는 별명이다.

'포르티코Portico의 도시 볼로냐'는 특히 건축적인 면에서 붙여진 별명이다. 유럽에서 두 번째로 큰 구시가지를 가지고 있는 볼로냐는 독특하고 아름다운 도시이다. 마치 현대의 고층 빌딩처럼 하늘을 찌를 듯이 높게 세워진 백여 개의 중세 방어용 탑들은 비록 현재 20여 개만 남아 있지만, 볼로냐가 과거 얼마나 강성한 도시였는지를 말해준다. 특히 기울어진 두 개의 탑, 아시넬리Asinelli와 가리센다Garisenda는 볼로냐의 상징이다. 이 두 탑은 중세의 유랑시인이자 이탈리아 문학의 거장인 단테의 서사시 〈신곡La Divina Comedia〉과 서정시 속에 자주 언급되었다.

하지만 볼로냐의 건축을 얘기할 때 결코 빠뜨릴 수 없는 매력은 구시가지 건물들 사이를 거닐 때 자연스럽게 깨닫게 된다. 구시가 안의 건물을 따라 길게 늘어선 우아한 포르티코는 볼로냐 거리 산책을 행복하게 만들어준다. 포르티코는 길게 늘어선 열주가 지붕을 받치고 있는 아케이드인데, 볼로냐는 유난히 포르티코가 발달되어 있다. 중세 시대 때, 볼로냐의 건물 1층(이탈리아에서는 0층)마다 들어선 보테가Bottega, 상점들이 가게 바깥쪽에 노점을 펼쳐놓았는데, 당시 자치정부 코무네Commune는 노점이 미관상 좋지 않다는 판단하에 적절한 타협안을 제시했다.

노점상은 허용하되, 포르티코를 만들어 지붕을 덮어라.

이에 상인조합은 도시 건물마다 주랑을 세우고 지붕을 덮어 거의 구시가 전체를 아우르는 포르티코를 완성했다. 더욱이 천장을 아름다운 프레스코화로 장식해 우아한 아름다움까지 더했다.

현재는 구시가지 안의 총 38킬로미터에 이르는 포르티코로 인해 볼로냐에서는 비가 오든 눈이 오든, 우산 없이 편안하게 도시 곳곳을 산책할 수 있다. 포르티코를 걷고 있노라면 번잡한 도시 거리를 걷는 게 아니라 마치 우아한 궁전의 테라스를 걷는 듯 여유로워진다. 특히 산 루카 사원Santuario della Madonna di San Luca과 사라고차 문Porta Saragozza을 이어주는 산 루카 포르티코는 무려 3.8킬로미터에 달해 세계에서 가장 긴 길이를 자랑한다.

산 루카 사원은 성모자의 성화를 모시는 곳이다. 매해 성모승천일인 8월 15일에 산 피에트로 성당에서 산 루카 사원까지 성화 행진이 거행되는데, 비바람으로부터 성화와 순례자들을 보호하기 위해 1674~1793년

에 걸쳐 세계에서 가장 긴 포르티코가 완성되었다. 총 666개의 아치와 15개의 소성당이 언덕 꼭대기에 있는 산 루카 사원까지 부드러운 곡선을 그리며 연결된다. 그런데 666은 요한계시록에 등장하는 악마의 숫자를 연상시킨다. 왜 하필 성스러운 행렬에 악마를 상징하는 666개의 아치를 만들었을까? 이는 순례객들을 악마 혹은 사탄으로부터 보호하려는 상징적인 의미를 가지고 만들어졌기 때문이란다. 그래서인지 포르티코를 따라 언덕 위 산 루카 사원을 향해 오르는 산책로는 조금 숨이 차지만 마음에 평온함을 선사하는 작은 순례처럼 느껴진다.

'이탈리아 요리의 수도'라고 불리는 이곳에서 감히 음식을 빼놓고 이야기할 수 있을까. 사람들은 볼로냐의 풍성하고 기름진 음식을 빗대어 '뚱보들의 도시 볼로냐Bologna la Grassa'라고 부르기도 한다. 비옥한 강 계곡에 위치한 볼로냐는 음식에 고기와 치즈를 아주 많이 사용하는 것으로 유명하다. 특히 돼지고기를 가공한 프로슈토Prosciutto, 모르타델라Mortadella, 살라미Salami 등은 이 지방에서 특히 명성이 높은 전통 음식이다.

한편 이탈리아에서 '라구 알라 볼로네제Ragu alla Bolognese'라 불리는 미트소스에서 너무나 유명한 '볼로냐 파스타'가 탄생했다. 탈리아텔레 알 라구Taliatelle Al Ragu, 토르텔리니Tortellini, 라자냐Lasagne, 뇨키 튀김Fried Gnocchi 등 전형적인 볼로냐 음식에 이 지역 특산 와인 람브루스코Lambrusco를 곁들이면 포만감에 저절로 행복해진다.

낯선 도시의 숨은 맛집을 찾아가는 발걸음만큼 설레는 일이 있을까. 먼저 입안을 달콤하게 해줄 간단한 요기부터 찾아나섰다. 볼로냐에서,

아니 조금 과장해 지구상에서 가장 맛있다고 인정받는 젤라토 가게, 라 소르베테리아 카스틸리오네La Sorbetteria Castiglione가 바로 그곳이다. 볼로냐가 '아이스크림의 수도'라는 명성을 얻는 데 큰 기여를 한 이곳은 구시가 중심에서 벗어난 한적한 길가에 위치하고 있어 유심히 간판을 살펴보지 않으면 그냥 지나칠 수도 있다. 하지만 가게 주변에 가면 벌써 사람들 손에 젤라토가 하나씩 들려 있어 자연스럽게 그곳으로 발길이 향하게 된다. 한적한 골목길에 유독 그 가게 앞에만 사람들이 바글바글하다.

BIBLIOTECA DELL'ARCHIGINNASIO

1994년에 처음 문을 연 카스틸리오네는 맛있고 건강에 좋은 젤라토로 시민들의 사랑을 얻게 되었다. 가게 내부에 생산 연구 설비를 갖추었고, 언제나 이곳을 찾는 고객들의 조언과 충고를 잊지 않고 더 나은 젤라토를 만들기 위해 노력한다. 더 좋은 재료와 더 맛있는 젤라토를 향한 열정에 볼로냐 시민들은 당연히 이곳을 최고의 젤라토 가게로 인정하게 되었다.

헤이즐넛이 들어간 초코와 요거트 젤라토를 골라 한입 맛보니 보통 젤라토와 비교해 훨씬 풍부하고 깊은 맛과 함께 천연 재료의 은은한 향이 난다. 젤라토가 사람을 행복하게 해줄 수 있다는 걸 카스틸리오네를 통해 깨닫는다.

볼로냐에 완전히 어둠이 내렸다. 끝없이 이어진 포르티코를 따라 넵튠의 분수 근처 숙소를 향해 걸었다. 어느 우아한 포르티코 아래에서 거리의 악사는 듣는 이 하나 없어도 심금을 울리는 비파를 켠다. 밤의 낭만 때문인지 비파 선율 때문인지 알 수 없었지만 마음이 이내 부드럽게 녹아내렸다.

볼로냐를 떠나는 날, 진정한 볼로냐의 요리와 향기를 느낄 수 있는 곳을 찾아가보고 싶었다. 볼로냐 시민들에게 이곳 식당들 중에서 결코 빠뜨릴 수 없는 곳을 추천하라면 그들은 주저 없이 탐부리니Tamburini를 외친다. 두 개의 탑 근처 카프라리에Caprarie 거리 1번지에 위치한 오랜 전통의 탐부리니는 1932년에 처음 문을 연 셀프 레스토랑이자 와인 바 겸 델리카트슨Delicatessen, 조리된 육류나 치즈, 수입식품 등을 파는 가게이다. 셀프 레스토랑

PARMA
PROSCIUTTO
TOSCANO
41.90
PROSCIUTTO
PARMA
Gran Riserva
il Fondatore
Musica per il Palato
PROSCIUTTO
PARMA 36 MESI

SAN PIETRO
RICOTTA

CARCIOFI
ALLA GIUDIA

은 점심식사 때만 오픈하는데, 이때만 되면 현지인들과 여행자들이 뒤섞여 줄이 길게 이어진다. 긴 판매대에 펼쳐진 온갖 파스타, 리조토, 고기, 생선 그리고 샐러드와 야채 요리들 중에서 마음에 드는 것을 고르면 된다. 가격은 저렴하고 맛은 훌륭하다. 다양한 와인들도 실내 와인 바나 야외 포도주통 테이블에서 맛볼 수 있다. 매장 한쪽 벽면과 진열대 가득 펼쳐진 수제햄과 치즈들은 보기만 해도 풍성하다. 그래서 탐부리니는 자타가 공인하는 볼로냐의 치즈와 고기, 요리에 대한 훌륭한 안내자다.

카운터에 있던 젊은 직원이 시식을 해보라며 살라미 조각을 잘라서 건넨다. 부드러우면서도 쫄깃한 맛이 일품이다. 살라미는 이탈리아에서 오랜 전통을 지닌 말린 햄의 일종으로 공기 중에서 발효시키는 음식이다. 대표적인 슬로푸드의 하나로, 일 년 내내 신선한 고기를 맛볼 수 있었기 때문에 예로부터 많은 사랑을 받았다.

마테오라고 자신을 소개한 젊은 직원이 묻지도 않았는데 살갑게 이런저런 이야기를 건넨다.

– 탐부리니의 살라미는 정말 이탈리아 최고예요. 그거 아세요? 일본 도쿄에도 지점이 있다는 거 말이에요.

그의 표정에 탐부리니에 대한 자부심이 잔뜩 묻어난다. 그러더니 갑자기 지나가던 나이 지긋한 신사를 붙들고는 소개시켜 준다.

– 안녕하시오. 탐부리니라고 합니다.

잠시 귀를 의심했다.

– 탐부리니라고요? 그러니까, 당신이 이 가게 주인인 탐부리니 씨라는 거죠?

눈을 동그랗게 뜨고 되묻자 그가 너털웃음을 짓는다.

– 도쿄에 탐부리니 지점이 있다는 얘기는 들었어요. 한국에도 지점 하나 내주세요. 제가 매일 들를게요, 하하.

이야기를 들은 그가 인자한 웃음을 뒤로하고는 이내 와인바로 사라졌다.

어떤 이는 탐부리니를 가리켜 단 한 마디로 '이탈리아 인의 삶 그 자체'라고 말한다. 와인 바에서 향기로운 와인에 취해 있던 한 여행자는 조금 들뜬 목소리로 말했다.

– 탐부리니는 축제 그 자체예요. 탐부리니의 와인과 음식, 수제 햄은 정말 최고지요.

탐부리니의 겉모습은 수수해서 마치 화장기 없는 여인처럼 편안하다. 그래서 이곳을 찾는 사람들은 그저 여유로운 마음으로 들러 볼로냐 요리를 마음껏 맛보고, 오랜 전통과 향기를 가슴으로 느끼고 작은 행복을 누리다 돌아간다.

문득 점심시간이 얼마 남지 않았다는 걸 깨달았다. 점심시간이 끝나기 전에 탐부리니에서의 행복한 식사를 위해 길게 이어진 사람들 뒤에 부랴부랴 줄을 섰다. 그러고는 초롱초롱한 눈으로 수많은 요리들 중에서 무얼 고를까 깊은 고민에 빠졌다.

Travel Memo

가보기°

볼로냐는 이탈리아 북부 교통의 요지로서 기차 노선이 발달해 있다. 초고속 유로스타를 이용하면 피렌체에서 한 시간밖에 걸리지 않는다. 지역선으로는 1시간 30분 소요된다. 로마에서 유로스타로 3시간, 지역선으로 5시간 소요. 밀라노에서는 유로스타로 1시간, 지역선으로 2시간 15분 소요.

맛보기°

탐부리니 Tamburini

볼로냐 사람들로부터 찬사를 받아온 곳으로, 저렴하고 풍성한 셀프 서비스 점심 메뉴를 추천한다.

address 카프라리에 거리 1번지 Via Caprarie, 1

telephone 051 234726

url www.tamburini.com

라 소르베테리아 카스틸리오네 La Sorbetteria Castiglione

최고의 맛과 최고의 건강을 추구하는 젤라토를 만드는 젤라테리아. 과일이나 꿀에서 나오는 당분을 이용해 저칼로리 젤라토를 개발했다.

address 카스틸리오네 거리 44번지 Via Castiglione, 44d/e

telephone 051 233257

url www.lasorbetteria.it

둘러보기°

드로게리아 길베르토 Drogheria Gilberto

전통 식료품점이자 와이너리. 1층에는 다양한 식료품이, 지하 와이너리에는 다양한 와인들이 빼곡 채워져 있다.

address 드라페리에 거리 5번지 Via Drapperie, 5

telephone 051 223925

url www.drogheriagilberto.it

라 바이타 La Baita

다양한 살라미와 햄, 치즈 그리고 토속 식품들로 가득한 식료품점.

address 페스케리에 베키에 거리 3A번지 Via Pescherie Vecchie, 3A

telephone 051 223940

카스틸리오네 젤라토

길베르토

라 바이타의 요리

볼로냐 주변 소도시 미식 여행

이탈리아의 가장 훌륭한
프로슈토, 파르마산 치즈 생산지 파르마

파르마의 두오모 근처 소박한 바 엘치그Bar Elzig에서 맛보는 토르텔리니 디 리코타Tortellini di Ricotta, 멜론을 곁들인 이탈리아 최고의 파르마산 프로슈토는 더위에 지친 여행자에게 활기를 불어넣어 주기에 충분하다. 파르마산 치즈를 직접 눈으로 확인할 수 있을 뿐만 아니라 오랜 전통을 자랑하는 진한 치즈의 향기도 느낄 수 있다.

볼로냐 체류 일정을 좀 더 늘려 근교 도시들을 둘러보면, 맛좋은 요리들로 유명한 도시들이 주변에 산재해 있음을 알 수 있다. 에밀리아 로마냐 주에는 파르마산 치즈의 산지 파르마Parma와, 발사믹 식초의 생산지 모데나Modena, 레지오 에밀리아Reggio Emilia가 있다. 또한 라자냐와 만두형 파스타인 카펠레티Cappelletti로 유명한 페라라Ferrara 등 다양한 전통 음식을 자랑하는 도시들이 이탈리아 요리의 수도 볼로냐를 중심으로 마치 수도를 지키는 병사들처럼 둘러싸고 있다.

세상에서 가장 훌륭한 발사믹 식초 생산지 모데나

모데나의 발사믹 식초는 향이 좋고 깊은 맛을 지닌 최고급 포도 식초로, '발사믹Balsamic'은 이탈리아 어로 '향기가 좋다'는 의미이다. '발사믹'이란 이름을 쓰려면 모데나 지방에서만 생산되는 포도 품종을 사용해 이 지방의 전통적인 기법으로만 만들어야 한다. 그래서 모데나에서 만든 전통 발사믹 식초는 'Aceto Balsamico Tradizionale di Modena'라는 마크를 붙인다. 3일 만에 제조되는 일반 식초와 달리 발사믹 식초는 숙성 기간이 길면 길수록 향기와 풍미가 좋아져, 12년 정도 장기간에 걸쳐 숙성시키면 강렬하게 농축된 맛을 낸다. 특히 12년에서 25년 숙성된 것은 '트라디지오날레Tradizionale'라고 부른다.

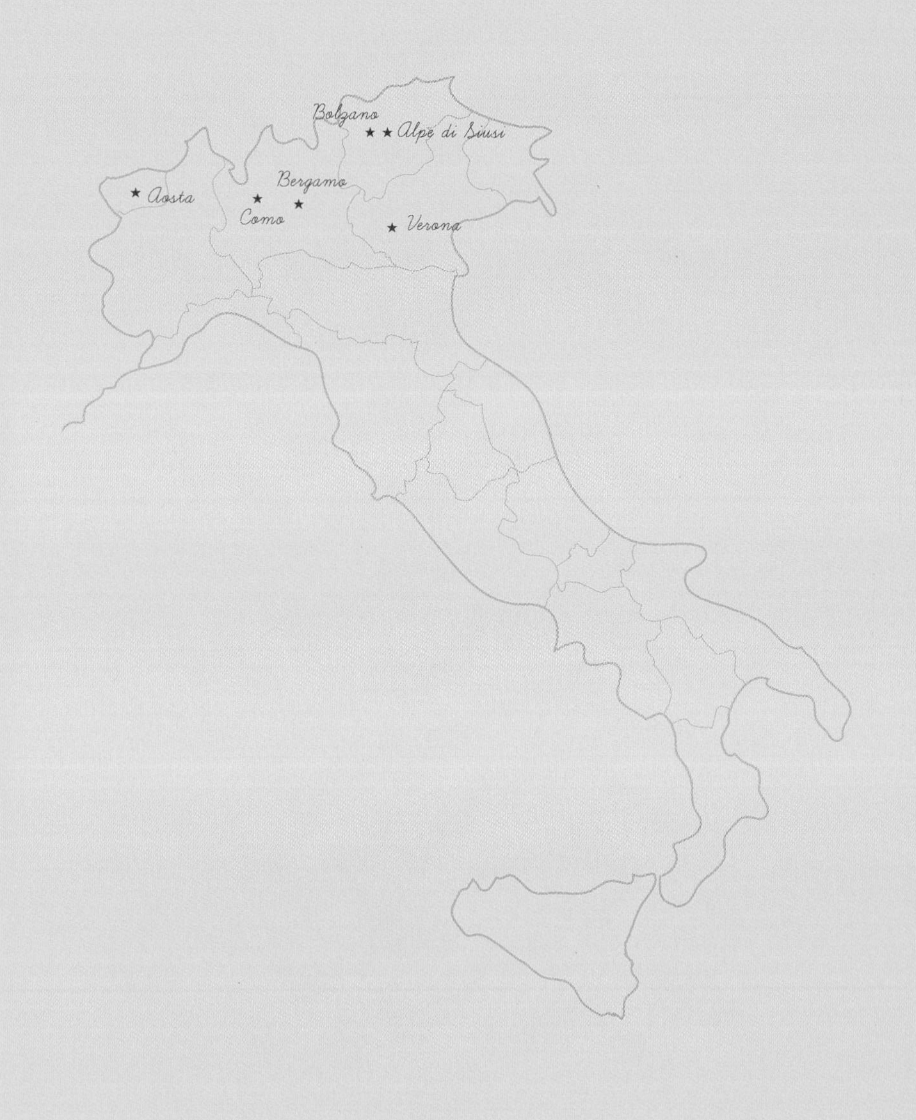
Bolzano
Alpe di Siusi
Bergamo
Aosta
Como
Verona

04

숨은 자연 소도시 여행

베로나
코모
베르가모
볼차노
알페 디 시우시
아오스타

30

로맨스가 피어나는 곳

베로나

Verona

"만약 당신이 그때 느낀 것이 진정한 사랑이었다면,
'너무 늦었다'는 건 없어요.
이제 당신의 마음을 표현할 용기가 필요할 뿐이에요."

– 〈레터스 투 줄리엣〉 中에서

로마 황제 카이사르Caesar가 휴양지로 선택한 도시이자 괴테, 스탕달, 발레리 등 당대 유럽 최고의 문학가와 지식인들의 여행 기록에 꼭 등장했던 도시, 베로나. 구시가를 포근히 안고 휘돌아나가는 아디제Adige 강이 분홍빛 석회암인 로소Rosso로 지은 성과 건축물 사이로 마치 한껏 타오르는 사랑의 열정처럼 빛나는 곳이다. 무엇보다 베로나가 전 세계에 그 이름을 알리게 된 계기는 바로 셰익스피어의 〈로미오와 줄리엣〉의 무대가 된 곳이기 때문이다. 또한 오늘날까지 〈레터스 투 줄리엣〉과 같은 로맨스 영화의 배경으로 등장해 우리에게 친숙한 곳이기도 하다. 왠지 베로나에 가면 아름다운 사랑을 추억하고 꿈꿀 수 있을 것만 같은 묘한 기대감이 가슴을 설레게 만든다.

구시가의 중심 에르베 광장Piazza delle Erbe에 들어서자 다른 소도시들과는 달리 왠지 모를 낭만의 기운이 대기 속에 가득 흐르는 듯하다. 그리 크지 않은 광장에는 천막으로 덮인 노점상들과 오랜 세월에 빛바랜 파스텔톤 벽화가 그려진 4~5층 높이의 주택들 그리고 웅장하게 솟아오른 람베르티 탑Torre del Lamberti이 옅은 구름을 드리운 파란 하늘 아래 빛나고 있다.

광장 근처에 예약해둔 B&B, 카사 콜로니알레Casa Coloniale를 찾았다. 그런데 주인장 루카가 반가운 표정으로 나와서 악수를 하더니, 뜬금없이 함께 내려온 여인을 소개한다.

– 내 여자친구예요. 사실 우리 숙소의 물사정이 좋지 않아서 여자친구가 운영하는 B&B를 소개해 주고 싶어요.

아침에 예약 전화를 했을 때는 그런 얘기가 없었는데, 뜬금없이 다른 제안을 하니 조금 의심스러웠다. '이러다가 바가지 쓰는 거 아냐?' 하는 불안한 표정을 읽었는지, 뭐라 따질 새도 없이 그가 말을 이었다.

– 여자친구가 운영하는 B&B에 가보면 정말 후회하지 않을 거예요. 여기보다 더 좋아요.

그의 눈빛은 진지하면서 맑았다. 조금 어이없는 웃음이 나왔지만 할 수 없이 루카의 여자친구를 따라 광장에서 조금 벗어난 골목길로 향했다.

실제로 그녀가 B&B의 문을 열고 숙소를 구경시켜 주었을 때 깜짝 놀랐다. 지붕은 굵은 서까래가 그대로 드러나 운치 있었고, 방 안의 가구나 인테리어는 심플하면서도 모던했다. 욕실에는 월풀 욕조까지 구비되어 있었다. 만족해하는 눈빛을 보고서야 그녀의 얼굴에 미소가 번졌다.

– 아침 식사는 루카의 카페로 가면 된답니다.

숙소에서 걸어서 5분도 안 걸리는 카펠로Cappello 거리 27번지에 위치한 카사 디 줄리에타Casa di Giulietta, 줄리엣의 집는 베로나 최고의 명소다. 특별한 이정표가 없어도 사람들이 가장 많이 몰려 있는 곳을 찾으면 그곳이 바로 '줄리엣의 집'이다. 입구부터 시작해 모든 벽마다 전 세계에서 몰려든 여행자들이 남긴 사랑의 낙서가 가득하다. 빈 공간을 찾아 한 여자는 한쪽 발을 쓰레기통에 딛고 몸을 쭉 펴서 가장 높은 곳에 사랑하는 이의 이름을 적고 하트를 그린다. 남자친구는 흐뭇한 표정으로 그녀의 발치에서 그 모습을 지켜본다. 땅바닥에 엎드린 뚱뚱한 몸집의 한 청년은 엉덩이 속살이 삐져나오는 것도 모른 채 열심히 벽 아래쪽 빈 공간에 연인의 이름을 적고 있다. 낙서를 하지 않으면 더욱 이상한 곳이 바로 줄리엣의 집이다. 어찌 보면 전 세계에서 유일하게 낙서가 허용되는 관광 명소가 아닐까 하는 생각이 든다(2022년 현재 벽면 낙서는 금지되어 있다).

사실 셰익스피어의 작품 이전에도 〈로미오와 줄리엣〉과 유사한 이야기들이 존재했다고 한다. 어떤 이는 실제로 원수지간인 두 가문 사이에서 이룰 수 없는 사랑 이야기가 실존했다고 주장한다. 그 실화에 기초해 오랜 세월 동안 비슷한 테마의 이야기와 시가 전해졌고, 셰익스피어는 그 이야기에 다양한 캐릭터와 극적인 요소를 가미해 세상에서 가장 사랑받는 연인, '로미오와 줄리엣'을 창조해냈다.

줄리엣의 집 마당에 들어서면 줄리엣 동상이 마당 한가운데 우뚝 서 있다. 줄리엣의 오른쪽 가슴을 만지면 사랑이 이루어진다는 전설 때문에 사람들은 남녀노소를 불문하고 저마다 줄리엣의 오른쪽 가슴을 만지면서 기념사진을 찍느라 여념이 없다. 그 동상 왼쪽에는 13세기 때 지어진 주택 2층에 로미오가 올라갔던 줄리엣 방의 발코니가 재현되어 있다. 그 작은 대리석 발코니에서는 특히 젊은 아가씨들이 사진을 찍으며 까르르 웃음을 터뜨린다.

Isabel
FABIO
TANIA
VALE
KIRSTEN
LINDA
EVER

줄리엣의 발코니를 올려다보다가 맞은편 일반 주택의 베란다에서 수많은 여행자들을 내려다보고 있는 한 소녀와 눈이 마주쳤다. 예쁜 미소의 소녀가 보더니 살짝 손을 흔들어 인사해준다. 순간 마치 어린 줄리엣을 보는 듯한 착각에 빠졌다. 몇 년 후 다시 베로나를 찾으면 저 소녀는 줄리엣처럼 아름다운 처녀로 자라나 수많은 로미오들의 가슴을 설레게 하고 있겠지.

카사 디 로메오 Casa di Romeo, 즉 '로미오의 집'이라고 이름 붙여진 곳은 시뇨리 광장Piazza dei Signori 근처 아르케 스칼리제리 거리Via Arche Scaligeri에 있다. 또한 톰바 디 줄리에타Tomba di Giulietta, 줄리엣의 무덤는 폰티에르 거리Via

de Pontiere에 있는 성 프란체스코 수도원San Francesco al Corso 지하에 안치되어 있다. 너무나 애절한 사랑 이야기, 이루어질 수 없기에 더욱 절실한 그 이야기를 현실 속에서 더욱 실현시키고 싶어서였을까. 어쩌면 사랑과 낭만이 가득한 허구 속 세상이 더 매력적으로 다가오는 이유는 현실이 너무 각박해서가 아닐는지.

'베로나' 하면 로미오와 줄리엣이 떠오르지만, 그에 못지않게 여행자들의 사랑을 받는 것이 바로 오페라다. 해마다 여름이 되면 1세기에 건설된 로마의 원형극장 아레나Arena에서 아름답고 웅장한 오페라가 울려 퍼진다. 길이 139미터, 넓이 110미터, 높이 30미터의 2만 5천 명의 관객을 수용할 수 있는 44열의 대리석 계단으로 이루어진 장엄한 검투장은 거의 원형 그대로 보존되어 있다. 베로나의 아레나는 로마의 콜로세움, 카푸아Capua의 아레나 다음으로 이탈리아에서 세 번째로 큰 규모를 자랑한다. 줄리엣의 집 근처에 즐비한 명품숍들을 지나 아레나에 도착하니 공연을 기다리는 수많은 관람객들로 부산스럽다.

때마침 오늘은 베르디의 오페라, 〈아이다Aida〉 공연이 예정되어 있었다. 아레나 근처의 레스토랑들은 공연 시작 전 출출한 배를 채우려는 관객들로 대부분 만원이었다. 아레나가 자리 잡은 넓은 브라 광장Piazza Bra 한구석에는 오페라 공연에 쓰일 무대 소품들이 진열되어 있다. 소품이라 하기에는 너무나 성대한 규모에 지나가던 관람객들 입에서는 탄성이 흘러나온다.

아레나 한쪽에 마련된 매표소에 들렀다.

– 지금 좋은 자리가 하나 비었는데, 예약하시겠어요?

매표소의 나이 지긋한 여직원이 물었다. 자리는 좋지만 가격이 배낭여행자의 예산을 훌쩍 뛰어넘는다. 그래서 차가운 대리석에 예약 없이 앉을 수 있는 E구역으로 결정했다.

공연 시작이 두 시간 정도 남았지만 간단히 먹을 수 있는 파니니와 음료수를 사서 미리 아레나에 입장했다. 차가운 대리석에 앉는 관람객을 위해 방석을 대여해 주고 있었다. 벌써 군데군데 가족이나 연인, 또는 단체 관람객들이 옹기종기 모여 정겨운 수다를 나누거나 샌드위치, 피자 등을 먹으며 공연을 기다리고 있다. 무대와 오케스트라 그리고 아레나의 전경이 시원스럽게 펼쳐지는 자리에 앉았다. 해가 지고 하늘이 짙은 푸르름으로 어두워져갈 무렵 객석은 거의 다 들어찼다. 음료수와 아이스크림을 파는 사람, 방석 대여 행상들이 분주하게 객석을 오간다. 이탈리아어, 독일어, 영어, 프랑스 어로 된 아이다의 대본집을 파는 행상의 목소리가 점점 고조되었다. 하늘이 어둑어둑해질수록 무대를 비추는 조명은 점점 더 밝아졌다.

9시가 되자 드디어 공연이 시작되었다. 무대와 아레나를 비추던 모든 조명이 순식간에 다 꺼지고 일순간 주위가 깜깜해지자, 갑자기 객석에서 작은 불빛들이 켜졌다. 관객들의 손에서 라이터인지 촛불인지 작은 불빛들이 빛나기 시작하더니 객석 전체가 무수한 별처럼 반짝반짝 빛났다. 이렇게 로맨틱할 수가! 다시 조명이 켜지자 객석을 밝혔던 작은 불빛들은 꺼졌지만 심장이 두근거릴 만큼 잊지 못할 감동의 순간이었다. 다시 무대 조명이 환하게 불을 밝혔고, 열정적인 지휘자의 지휘하에 오케스트라의 연주가 시작되었다.

고대 이집트 파라오 왕의 전성시대, 멤피스와 테베를 배경으로 한 아이다의 무대는 웅장한 피라미드와 이집트를 상징하는 조각상들로 관객들을 압도했다. 이집트의 라다메스Radames 장군과 그를 짝사랑하는 이집트 공주 암네리스Amneris, 암네리스의 몸종으로 잡혀온 에티오피아 공주 아이다의 삼각관계를 축으로 이야기가 전개된다. 인공적인 스피커를 전혀 사용하지 않고도, 오로지 공연자의 육성과 오케스트라의 생연주만으로 아레나 구석구석 아름다운 선율이 울려 퍼졌다. 무대에서 멀리 떨어진 저렴한 자리여서 혹시나 소리가 잘 들리지 않을까 봐 걱정했지만 기우에 불과했다. 웅장하면서도 비장한 〈이기고 돌아오라Ritorna Vincitor〉, 〈오, 나의 조국Oh! Patria Mia〉과 같은 아이다의 노래와 라다메스의 힘찬 노래 〈정결한 아이다Celeste Aida〉가 가슴을 흔들었다. 귀에 익숙한 〈개선 행진곡Marcia Trionfale〉은 저절로 가슴을 뛰게 했다. 전 세계에서 몰려온 여행자들은 저마다 아름다운 오페라의 선율과 웅장한 무대, 애절한 사랑 이야기에 압도당했다. 수많은 등장인물과 스펙터클한 무대, 혼을 담아 연주하는 열정적인 오케스트라! 아레나의 맨 아래층부터 꼭대기까지 아우르며 수많은 인물들이 들며 난다. 이런 스케일의 오페라를 하늘의 무수한 별들과 달빛과 함께 감상할 수 있다니!

2시간 정도인 줄 알았던 오페라는 밤 12시가 훌쩍 넘어서야 끝이 났다. 한여름밤이지만 4막부터는 조금 쌀쌀한 밤기운에 대리석 계단도 차갑게 느껴졌다. 2천 년 전 검투사들이 생명을 걸고 싸운 생존의 무대였던 아레나

는 오랜 세월이 흘러 아름다운 오페라로 감동을 주는 문화의 공간이 되었다. 2막이 끝난 후 20여 분의 휴식을 제외하고는 장장 3시간이 넘는 긴 공연이었지만, 이날의 공연은 수많은 관람객을 황홀하게 만들었다. 이런 예술적 향기를 누릴 수 있는 공간은 분명 오늘날을 사는 우리에게는 축복이다.

늦은 시각, 아레나에서 나온 사람들이 아이다를 이야기하며 천천히 베로나의 골목길을 거닐었다. B&B로 돌아오는 길, 귓가에는 여전히 라다메스와 아이다의 아리아가 메아리치고 있었다.

구시가지를 부드럽게 감싸고 흐르는 아디제 강은 운치가 그윽하다. 다음날 아침, '베로나의 마돈나' 분수가 있는 에르베 광장과 단테의 동상이 서 있는 시뇨리 광장Piazza dei Signori을 한 바퀴 돌며 베로나의 아름다운 풍경에 매료되었다. 그러고는 베로나를 떠나기 전 다시 한 번 줄리엣의 집에 들렀다. 벽면의 작은 빈 공간을 찾아 사랑하는 이의 이름을 진하게 남겼다. 언젠가 베로나를 다시 찾게 되면 그 앞에 서서 조용히 그 이름을 불러볼 수 있겠지.

줄리엣의 집을 나서는 순간 또 한 무리의 단체 여행자들이 소란스럽게 들이닥쳤다. 그리고 약속이나 한 듯 "오, 줄리엣!" 소리치며 줄리엣을 향해 달려갔다.

가보기°

기차 편이 편리하다. 베네치아에서 2시간, 볼로냐에서 1시간, 볼차노에서 2시간, 밀라노에서 1시간 30분, 로마에서는 5시간이 소요된다. 오스트리아 인스부룩, 독일의 뮌헨과도 연결편이 있다.

맛보기°

라 타베르나 디 비아 스텔라 La Taverna di Via Stella

줄리엣의 집에서 1분 거리에 위치한 트라토리아. 저명한 여행 가이드북 〈루타르Routard〉의 추천 레스토랑으로 매년 뽑힐 만큼 인정받고 있으며, 현지인의 사랑을 듬뿍 받는다. 메뉴 선택이 힘들다면 그날의 추천 메뉴를 선택하면 된다. 와인 저장고로 사용된 것 같은 지하는 중세 분위기가 물씬 풍긴다.

menu 파스타 10유로 내외, 메인 요리 15~20유로 내외
address 스텔라 거리 5c번지 Via Stella, 5c
telephone 045 8008008
url www.tavernadiviastella.com

오스테리아 알 두카 Osteria al Duca

로미오가 속한 몬테치 가문의 저택으로 추정되는 곳. 전형적인 베로나 요리를 맛볼 수 있다.

address 아르케 스칼리제레 거리 2번지 Via Arche Scaligere, 2
telephone 045 594474
open 월~토 12:00~14:30 / 18:30~22:30

카페 콜로니알레 Caffe Coloniale

이탈리아 최고의 미식 가이드인 〈감베로 로소Gambero Rosso〉로부터 찬사를 받을 만큼 높은 커피 품질을 자랑한다.

address 비비아니 프란체스코 광장 14/c번지 Piazza Viviani Francesco, 14/C
telephone 045 8012647

카사 콜로니알레 Casa Coloniale

에르베 광장에 위치한 모던한 B&B. '줄리엣의 집'에서 50미터 거리에 위치하고 있다. 주인장 루카Luca가 근처에 카페 콜로니알레도 운영 중이다.

address 프라텔리 카이롤리 거리 6번지 Via Fratelli Cairoli, 6
telephone 337 472737
url www.casa-coloniale.com

라 디모라 디 줄리에타 La Dimora di Giulietta B&B

줄리엣의 집에서 무척 가까이에 위치한 새로 오픈한 B&B. 시설, 가격 모두 만족스럽다. 아침은 근처 카페 콜로니알레에서 간단한 빵과 커피, 음료 한 잔이 제공된다.

address 스텔라 거리 10번지 Via Stella, 10
telephone 346 7014708
url www.ladimoradigiulietta.it

오스테리아 알 두카

카페 콜로니알레

라 디모라 디 줄리에타

비단결 같은 호수 한 바퀴

코모

Como

알프스로부터 바람을 타고 넘어온
신선한 공기의 청량감, 웬만한 바람에는 결코 요동치지 않을 물결.
이곳이 바로 코모 호수다.

이탈리아에서 가장 풍요롭고, 가장 개발이 잘 되어 있고, 가장 인기 있는 도시와 명소들이 밀집한 지역이 바로 롬바르디아Lombardia 주다. 밀라노를 비롯해 몬자, 바레제, 코모, 베르가모, 브레스치아, 로디, 크레모나, 파비아 등 도시마다 독특한 문화와 예술의 향기가 넘친다. 밀라노를 제외하면 대부분의 여행자에게 소외된 이탈리아 북부 지역은 그 역사나 건축, 예술, 자연에 대한 배경지식이 별로 없는 사람들에게 예상 밖의 경탄을 안겨준다. 그래서 롬바르디아는 풍부한 문화유산과 아름다운 자연 환경이 조화롭게 어울린 최고의 여행지로 사랑받는 곳이기도 하다.

이탈리아에서 최고의 휴가는 매혹적인 알프스의 풍경을 배경으로 코모 호수에서 보내는 휴가라고들 한다. 궁전처럼 호화로운 빌라들이 호숫가를 따라 늘어서 있고, 열대 화초들은 우아하게 드리워져 바람에 흔들린다. 저택마다 등나무, 열대성 덩굴식물인 부겐빌레아, 장미꽃으로 수놓은 벨베데레Belvedere, 전망대는 그림 같은 풍경으로 여행자들을 눈길을 빼앗는다. 사실 코모 호수는 이탈리아에서 가장 큰 호수도 아니고, 세계 각지에서 몰려드는 수많은 여행자들로 인해 더 이상 깨끗하지도 않다. 그럼에도 불구하고 여전히 '이탈리아에서 가장 아름다운 호수'라는 타이틀을 지키고 있다. 게다가 이탈리아 인기 드라마의 단골 촬영지이기도 하다니, 이탈리아 인들도 코모 호수에 특별한 애정을 가지고 있음을 부인

하지 않는다.

사실 코모 호수에는 라리오Lario라는 원래 이름이 따로 있지만, 대부분의 사람들은 그냥 코모 호수라고 부른다. 당연히 이 이름은 라리오 호수에 붙어 있는 코모라는 작은 도시에서 따왔다. 이탈리아와 스위스의 국경에 인접한 코모는 코모 호수와 알프스 지역으로의 접근이 용이해 이탈리아에서도 손꼽히는 휴양지다. 코모 호수는 빙하기부터 존재했던 호수이다. 수심이 가장 깊은 곳은 4백 미터 이상이나 되어 유럽에서 가장 수심이 깊은 호수 중 하나이고, 특히 호수 바닥은 해수면보다 2백 미터나 더 낮다고 한다.

코모 호수는 로마 시대 이래로 수많은 귀족들과 부유층의 사랑을 독차지한 휴양지였다. 알파벳의 Y자처럼 생긴 호숫가를 따라 곳곳에는 벨라지오Bellagio, 바렌나Varenna, 트레메초Tremezo, 체르노비오Cernobbio 등 작고 아름다운 마을들이 흩어져 있다. 오늘날도 마돈나, 조지 클루니, 실베스터 스탤론 같은 세계적인 유명 인사들의 별장들이 호수 여기저기에 자리잡고 있다.

코모는 밀라노에서 열차로 채 1시간도 걸리지 않는 곳이어서, 일정이 빠듯한 배낭여행자들도 가벼운 마음으로 당일치기 여행을 할 수 있다. 조금은 흐린 하늘 아래 북부의 초록 자연 속을 달리던 열차가 코모 중앙역에 도착했다. 열차에서 내려서 코모의 구시가지로 천천히 발걸음을 옮겼다. 유명한 휴양지이지만 호숫가 작은 마을이라 그런지 왠지 모르게 평온한 기운이 감돈다. 날씨가 흐려서 그런지 생각보다 여행자들도 별로

눈에 띄지 않는다.

146평방킬로미터나 되는 큰 호수에는 다양한 코스의 유람선과 페리선이 운행되고 있다. 웅장한 대성당을 지나 호수 선착장으로 향했다. 역시나 대부분의 여행자들은 선착장에서 호수를 돌아보는 유람선이나 페리를 예약하는 중이었다. 얼른 줄을 서 코모 호수와 인접한 몇 개 마을을 돌아볼 수 있는 통통배처럼 작은 페리선 티켓을 구입했다.

흐린 하늘 아래 옅은 바람이 불었고, 잔잔한 물결이 부드럽게 빛났다. 규칙적인 패턴으로 낮게 퍼져 나가는 물결이 마치 비단결처럼 보드랍게 느껴졌다. 가족인 듯한 사람들이 갑판에 있는 좌석에 자리를 잡고 조용히 호수를 바라본다. 굳이 유명한 빌라가 아니더라도 다양한 색채와 건축양식을 자랑하는 빌라들이 호숫가를 그림처럼 수놓고 있다. 호수와 호수 주변의 빌라들이 어찌나 아름다운지, 수많은 영화의 촬영지로 빈번히 등장했다고 한다. '007 시리즈' 중 〈카지노 로얄〉과 〈퀀텀 오브 솔러스〉, 〈오션스 트웰브〉, 〈스타 워즈 에피소드 Ⅱ : 클론의 습격〉 등 다양한 영화 속에서 호수의 풍경이 스크린을 가득 채웠다. 호수를 둘러싼 가파른 산들은 다양한 명암을 선보이며 첩첩이 겹쳤다. 산자락마다 그림처럼 옹기종기 집들이 모여 마을을 이루었다.

얼마 달리지 않아 체르노비오 마을 선착장에 배가 멈추었다. 몇 명의 승객들이 들뜬 표정으로 배에서 내렸다. 이곳에는 16세기에 건설된 빌라 데스테Villa d'Este가 마치 이정표처럼, 호수를 향해 웅장한 모습으로 서 있다. 19세기 초 브런즈윅Brunswick의 캐롤라인 공주는 남편인 웨일즈 왕자, 조지와 사이가 나빠져서 영국을 떠나 이 빌라에 머물렀다. 그러나 곧 그녀의 남편이 대영제국의 왕 조지 4세가 되어 그녀는 영국으로 돌아가 왕비로 공인받았지만 다음 해에 병에 걸려 짧은 왕비의 생을 마감하게 된다. 그 후 이 빌라는 이탈리아에서 가장 럭셔리한 호텔로 변신했고, 지금은 수많은 유명 인사들이 찾는 호텔로 그 명성이 높다. 캐롤라인이 이곳에 머물러서인지 이 빌라의 정원은 영국식으로 조성되어 있다.

체르노비오 건너편 토르노Torno마을 선착장에는 나이 지긋한 노인들이 한가롭게 담소를 나누고, 한 청년이 호수에 낚싯줄을 드리우고 여유로운 한때를 즐기고 있다. 갑자기 낚싯대가 포물선을 그리며 휘어지더니 조그만 물고기 한 마리가 퍼덕거리며 올라왔다. 그런 평범하고 한가로운 일상이 어찌나 평화로워보이는지 모른다.

코모 호수의 목가풍 기후는 높은 습도 탓에 정원사들에게는 이상적인 기후이다. 그래서인지 코모의 빌라들은 죄다 정원이 아름답다. 아름다운 정원에 기여한 두 시기가 있는데 첫 번째는 르네상스의 향기가 더해진 르네상스 시기이고, 두 번째는 영국인들에게 자연과 야생에 대한 애정이 더해진 19세기였다.

앞서 비단결 같다는 수식어에 걸맞게 코모 호수 주변에서는 실제로 비단이 수세기 동안 생산되었다고 한다. 호수에는 부자가 함께 작은 배를 타고 호수 한가운데로 나와서 낚시를 하거나 휴양객들이 바람과 물결을 가르며 스피드를 즐기는 모습이 가끔씩 눈에 띈다. 아름다운 풍경을 배경으로 일상을 영화보다 더 눈부시게 보내고 있는 그들의 모습이 부러웠다. 호수에서 바라보는 코모는 이름 때문인지 자꾸만 귀엽고 앙증맞은 꼬마를 생각나게 했다. 낮게 줄지어선 아기자기한 건물들과 그 뒤로 부

TORNO

드러운 포물선을 그리며 도시를 감싸고 있는 낮은 언덕이 정겨웠다.

선착장에서 처음에 왔던 길과는 다른 방향으로 시내를 걸었다. 호수에서 흘러나온 물이 흐르는 운하 곁에 자리 잡은 레스토랑에는 작은 나룻배 한 척이 매여 있다. 잔잔한 반영은 한치의 흔들림도 없이 고요하다. 밀라노에서 달려온 열차가 호수 근처의 북코모역에 막 도착했다. 무거운 여행 가방을 끌고 열차에서 내리는 여행자들의 표정에는 기대감과 행복이 가득하다. 대성당의 둥근 돔과 테아트로의 열주들은 힘이 넘친다.

점심을 먹기 위해 미리 〈론리 플래닛〉에서 점찍어둔 레스토랑, 갈로를 찾아갔다. 그런데 8월 한 달간이나 휴가여서 9월에나 문을 연단다. 아무리 여행자들이 몰려와도 자신들의 휴가는 꼭 챙기는 이탈리아 인들의 삶에 대한 자세가 놀랍다. 할 수 없이 대성당 앞 광장 한켠에 자리한 카페 노바 코뭄Nova Comum, 2018년 현재 영업 종료의 노천 테이블에 앉았다. 코뭄은 로마 인들이 부르던 코모의 옛이름이다. 이 카페는 점심 메뉴가 일품이다. 화덕에서 구운 피자 한 판과 커피 한 잔, 물 500ml까지 포함해서 6유로다. 자릿세도 포함된 가격이라니 관광지 중심에 자리 잡은 카페 치고는 가격이 정말 훌륭하다. 스위스 국경이라 그런지 카페 테이블에는 스위스에서 왔다는 젊은이들이 피자를 주문해놓고 한창 수다에 빠져 있다. 화덕에서 갓 구운 피자는 속을 든든히 채워주었고, 에스프레소 한 모금은 텁텁하던 입안을 말끔히 씻어주었다. 계산을 하고 기차역에서 내려오는 길에 눈여겨봐두었던 젤라토 가게, 볼라Bolla에 들러 리조쌀 젤라토를 하나 사서 코모의 골목길을 이리저리 거닐었다. 그저 발길 닿는 대로 한가로운 산책을 누릴 수 있는 곳이 바로 코모다.

Ristorante

아무리 분주한 일상을 살아가던 사람도 코모에서는 잠시 자연을 바라보며 여유로운 숨을 쉬고, 각박한 도시의 삶으로 인해 거칠어진 마음이 부드러워진다. 처음에는 평범해 보였던 호수가 조금씩 각진 마음을 부드럽게 누그러뜨리고, 가쁘게 몰아쉬던 호흡을 여유롭게 해준다는 걸 한 바퀴 돌고나서야 알게 되었다. 수심이 깊어서일까. 물소리도 소란스럽지 않고 묵직한 느낌을 준다. 웬만한 바람에는 결코 요동치지 않을 물결이다. 그래서 사람들이 코모 호수에 매력을 느끼는 건지도 모른다. 잔잔하고 부드러워 언제나 포근히 감싸줄 것 같은 평온함, 아무리 거친 폭풍우가 몰아쳐도 타고 있는 배가 뒤집히지 않을 거라는 믿음, 호수 주변 어디에서든 마음이 내키는 곳에 잠시 내려 한가롭게 산책할 수 있는 여유로움, 알프스의 대자연으로부터 바람을 타고 넘어온 신선한 공기의 청량감. 이것이 바로 코모 호수의 매력이 아닐까.

가보기°

밀라노 중앙역이나 포르타 가리발디역에서 열차로 40분~1시간 소요된다. 코모 중앙역은 코모 산 조반니San Giovanni역이다. 이 역을 거쳐 스위스 루체른이나 취리히로 넘어갈 수 있다. 북밀라노역에서 출발하는 열차는 코모 호숫가의 FMN역(기차 시간표에는 Como Nord Lago로 표시되기도 한다.)에 도착한다.

맛보기°

크레메리아 볼라 Cremeria Bolla 1893

쌀로 만든 이색 젤라토를 파는 가게

address 볼도니 거리 6번지 Via Boldoni, 6

telephone 031 264256

저스트 아트 카페 Just Art Café

코모 호수와 가까운 카페. 현지인들에게 인기 있다. 실내는 소박하면서도 정감 있는 분위기를 느끼게 해준다.

address 로마 광장 37번지 Piazza Roma, 37

telephone 031 687 3644

해보기°

코모 호수에서 유람선 타기

카부르 광장Piazza Cavour에서 출발하는 페리선을 타고 호수를 한 바퀴 돌아본다.

telephone 800 551801

url www.navigazionelaghi.it

크레메리아 볼라

대성당

유람선

천상의 도시

베르가모

Bergamo

치타 알타의 종탑들, 성당의 돔들, 중세의 지붕들이
희뿌연 대기를 배경으로 마치 중세의 풍경화처럼 시원스럽게 펼쳐진다.
어디선가 피어난 뭉게구름이 치타 알타 위에 그렇게 오래도록 머물러 있었다.

여행가들이 이탈리아를 여행하면서 으레 독백을 하게 되는 장소가 있다. 베르가모의 치타 알타Citta Alta가 바로 그런 곳이다. '잠들어 있는 중세를 깨우지나 않을까 걱정이 되어 살그머니 발걸음을 옮겼다'고 표현한 중국에서 가장 영향력 있는 작가 위치우위余秋雨의 고백을 빌리지 않더라도 말이다.

치타 알타의 골목길에 점점이 박혀 있는 중세의 돌들로 인해 캐리어 바퀴가 덜컹덜컹 요란한 소리를 낸다. 어쩌면 시끄러운 바퀴 소리는 잠든 중세를 깨우는 소리가 아니라 일상에 지쳐 시들어버린 여행자의 심장을 깨우는 함성일지도 모른다. 평탄하게 잘 닦인 도로 대신 울퉁불퉁한 중세의 돌길을 지나며 짜릿한 흥분을 느낀다. 팔은 아프지만 마음은 즐거운 묘한 부조리를 경험하는 순간이다.

베르가모는 이탈리아 북부 롬바르디아 주, 알프스 산기슭에 둥지를 틀고 있는 예쁜 소도시다. 기원전 로마 제국의 도시로 건설되어 중세 시대에 롬바르디아 공국의 중심지로 발전했다가, 1428년부터 베네치아 공화국의 지배를 받았다. 이때 베네치아의 영향을 깊게 받아 이 도시에는 베네치아풍의 건축물이 많다. 1815년까지 오스트리아에 속했다가 1859년부터 이탈리아 왕국으로 편입된 굴곡진 역사로 인해 아름다운 구시가지가 형성되었다. 치타 알타라고 불리는 구시가지는 언덕 위 고지대에 마치 천상의 도시처럼 우아하게 자리를 잡고 있다. 구시가지 아래로 펼쳐진 저지대 평원에는 치타 바사Citta Bassa로 불리는 현대적인 신시가지가 형성되어 있다. 치타 알타와 치타 바사는 푸니콜라레Funicolare로 연결되어 있어 손쉽게 언덕 위의 치타 알타에 닿을 수 있다. 베르가모는 치타 알타를 돌아보는 중세 여행뿐만 아니라 근교 산악지대인 베르가마스크 알프스Bergamasque Alps를 탐험하기에도 적격인 곳이다.

베르가모 구시가의 중심은 베키아 광장Piazza Vecchia이다. 베키아 광장 주변을 둘러싼 카페와 레스토랑에는 왠지 모를 여유가 넘친다. 사람들의 발걸음에도 여유로움과 가벼움이 묻어난다. 베르가모의 구시가지는 규모가 크지 않아, 대부분의 볼거리는 도보로 돌아보기에 충분하다. 전 세계 수많은 건축가들로부터 찬사를 받은 프랑스 롱샹Ronchamp 성당의 건축가 르 코르뷔지에Le Corbusier와 역사상 손에 꼽을 정도로 위대한 건축가 중 한 사람인 프랭크 로이드 라이트Frank Lloyd Wright 등 건축의 대가들이 베키아 광장의 아름다움을 칭송했다.

우아한 팔라초와 웅장한 성당, 그리고 종탑과 노천카페로 둘러싸인 베키아 광장의 한가운데에는 콘타리니 분수Contarini Fountain가 앙증맞게 자리 잡고 있다. 어찌 보면 평범해 보이기도 하지만, 이 광장의 아름다움의 정점이다. 하얀 대리석으로 조각된 사자상들과 사람 머리로 장식된 스핑크스가 원형의 분수를 둘러싸고 있다. 베르가모를 찾는 사진작가에게 이 분수는 당연히 아주 매력적인 피사체이자 관심의 초점이다. 광장의 남쪽에 있는 팔라초Palazzo della Ragione나 시립도서관Biblioteca Civica의 대리석 파케이드를 배경으로 콘타리니 분수를 담으면 예쁜 엽서 사진이 나온다.

이 바로크풍의 분수는 베네치아 광장에 있는 분수들과 유사하다. 사실 콘타리니는 베네치아 공화국에서 파송된 베르가모 행정관의 이름이다. 1780년 콘타리니는 자신의 직무를 끝내고 베르가모를 떠나면서 이별 선물로 분수를 선사했다. 언덕 위의 고지대라 그런지 그 당시 베르가모는 가뭄이 잦았고, 주민들은 물이 부족해 항상 고통을 겪었다. 콘타리니는 분수를 만들어 스핑크스의 입에서 언제나 시원한 물이 흘러나오게 했고, 이 물은 베르가모 주민들에게 생명의 물이 되었다. 그 옛날 역사를 아는지 모르는지 아빠의 손을 잡고 산책 나온 어린아이는 마냥 즐겁게 물장난을 치며 까르르 웃는다.

베키아 광장에서 몇 걸음 뒤로 물러나면 베르가모에서 가장 아름다운 산타 마리아 마조레Santa Maria Maggiore 성당과 콜레오니 예배당Cappella Colleoni이 우아함을 드러내며 서 있다. 성당 내부에는 16세기 피렌체에서 제작된 기품 있는 태피스트리가 천장과 벽면을 우아하게 장식하고 있다. 성당에는 베르가모 출신의 음악가 도니제티의 무덤도 있다. 특히 성당 왼편 사자상이 기둥을 받치고 있는 현관 조형물은 캄피오네Giovanni da Campione가 베로나의 대리석으로 만들었는데, 우아한 기품이 넘쳐난다. 색색의 대리석을 적절히 배치해 탄생한 베네치아풍의 아름다운 성당은 일개 건물이 아니라 감동을 주는 한 편의 예술 작품이다. 문학과 음악이 인간을 위로하듯 때때로 아름다운 건축물도 인간의 고단한 마음을 어루만져준다.

롬바르디 예술의 걸작으로 평가받는 콜레오니 예배당은 15세기에 베

네치아를 위해 일했던 유명한 콘도티에로Condottiero, 용병 대장, 바르톨로메오 콜레오니Bartolomeo Colleoni와 그의 딸 메데아Medea를 묻기 위해 지은 콜레오니 가문의 성당이다. 이 두 사람 외에 메데아가 사랑하던 작은 새도 함께 묻혔다고 한다.

광장에 조금씩 저녁 어스름이 내리기 시작했다. 평범하던 하늘이 어느새 짙은색을 띠고, 구름도 역동적으로 살아 움직이기 시작한다. 한때는 팔라초였던 안젤로 마이 도서관Biblioteca Angelo Mai을 등지고 앉았다. 불밝힌 광장을 바라보며 젊은이 몇 명과 여행자들도 기둥에 기대어 있다. 말없이 풍경을 바라보는 잠깐의 시간이 여행을 풍성하게 채운다. 이리저리 분주하게 다닐 때는 오히려 마음에 담기지 않다가 가만히 멈춰설 때에야 비로소 낯선 도시가 말을 걸어오고 낯선 풍경이 스스로 자신의 속살을 내보인다.

어두워지는 하늘과 광장을 보고 있으려니 갑자기 드뷔시의 피아노곡 〈달빛Clair de Lune〉의 선율이 귓가에 들려오는 듯하다. 프랑스의 인상파 작곡가 드뷔시는 이탈리아 유학을 하고 난 후인 1890년경에 피아노 모음곡 〈베르가마스크〉를 작곡했다. 그가 유학 중이었을 때 베르가모 지방에서 받은 인상을 로맨틱한 감성과 풍부한 감각으로 피아노 선율에 담았다. 모음곡은 〈전주곡〉, 〈미뉴에트〉, 〈달빛〉, 〈파스피에〉의 4곡으로 이루어져 있는데, 그중 〈달빛〉은 베르가모의 밤과 가장 잘 어울린다. 드뷔시가 영감을 받았다는 베를렌Paul Verlaine의 시집 〈화려한 향연Les Fêtes galantes〉에 수록된 〈달빛〉의 한 구절이 떠올랐다.

당신의 영혼은 선택된 풍경.

그 속으로 지나가는 멋진 가면과 베르가모의 행렬,

류트Luth, 현악기의 일종를 연주하며 춤추며

화려한 변장 뒤에서 슬퍼하네.

구름에 가린 은은하고 환상적인 달빛이 마치 금세라도 베키아 광장으로 쏟아져 내릴 듯 신비한 베르가모의 밤이 깊어만 갔다.

이탈리아를 대표하는 음식은 파스타와 피자로 알려져 있지만, 사실 지역마다 전통 요리를 가지고 있다. 이탈리아 북부, 특히 베르가모에도 세상 사람들에게 잘 알려지지 않은 전통 음식이 있다. 혹자는 피자, 파스타와 함께 '이탈리아 요리의 삼총사'라고 부르기도 하는, 옥수수 가루를 끓인 수프 폴렌타Polenta다. 폴렌타는 그 재료에서 알 수 있듯이 가난한 서민의 음식이다. 남부 농부들이 허기진 배를 파스타로 채울 때, 북부의 가난한 서민들은 폴렌타를 먹으며 수 세기를 버텨왔다. 피자나 파스타보다 더 오랜 역사를 가진 폴렌타는 이탈리아에서 진정한 국민 음식으로 사랑받고 있다.

폴렌타는 파이올로Paiolo라고 불리는 커다란 냄비에 옥수수 가루를 넣고 오랜 시간 저으면서 버섯이나 각종 채소, 치즈, 육류를 넣어 맛을 낸다. 폴렌타는 이탈리아 각지를 비롯해서 전 세계에 다양한 변형을 거치면서 퍼져나갔다. 베르가모에서는 '폴렌타와 새'라는 뜻의 '폴렌타 에 오세이Polenta e Osei'라는 노란색 케이크가 디저트로 사랑받고 있다. 어떤 이는 폴렌타와 진짜 참새를 재료로 요리를 한다면 진정한 폴렌타 이 오세이를 만들 수 있다고 농담 삼아 말하기도 하지만, 사실은 노란색의 스폰지 케이크에 참새 모양의 초콜릿 조각을 올려놓은 것이다. 노란색 퐁당Fondant으로 덮인 케이크는 한 입 깨물면 설탕 결정이 파삭 하고 부서지는 식감에 감탄사가 절로 나온다. 그 다음에는 달콤한 헤이즐넛 크림과 어우러진 케이크가 들어 있다. 헤이즐넛 향이 진해 크림만 따로 퍼내어 먹고 싶은 마음이 들기도 한다. 겉에는 살구 마멀레이드와 초콜릿 참새 대여섯 마리가 케이크를 완성한다. 베르가모의 치타 알타에서 달콤한 폴렌타 이 오세이를 우아하게 맛보는 즐거움을 그 무엇과 비교할 수 있을까.

베르가모의 우아한 아름다움을 제대로 즐기려면 치타 알타의 산 비질리오San Vigilio 역에서 푸니콜라레를 타거나 도보로 산 비질리오에 있는 로

UniCredit Banca
Procura

카Rocca로 올라가야 한다. 한 칸짜리 등산 열차 푸니콜라레는 앙증맞기까지 하다.

가파른 경사를 오르는 푸니콜라레 창밖으로 치타 알타의 지붕들이 하나둘 고개를 내밀기 시작했다. 마침내 높은 언덕 위에 올라 밖으로 나선 사람들의 입에서는 한결같이 감탄사가 터져 나왔다. 치타 알타의 종탑들, 성당의 돔들, 중세의 지붕들이 희뿌연 대기를 배경으로 마치 중세의 풍경화처럼 시원스럽게 펼쳐진다. 초록의 풀과 나무가 무성한 로카에 올랐다. 롬바르디의 초록색 자연이 끝없이 펼쳐지고, 시원한 바람이 그늘 사이로 불어오는데 기차 시간이 자꾸만 마음을 재촉했다. 떠나야 할 시간을 미루고 싶은 마음처럼, 어디선가 피어난 뭉게구름이 치타 알타 위에 그렇게 오래도록 머물러 있었다.

Travel Memo

가보기°

베르가모는 크게 구시가를 의미하는 치타 알타Citta Alta와 신시가를 의미하는 치타 바사Citta Bassa로 나뉜다. 기차역은 치타 바사의 마르코니Piazzale Marconi에 있다.
밀라노에서 매시간 1~2대씩 베르가모의 중앙역에 도착하는 기차가 있다. 기차역에서 1번 버스를 타고 언덕 위의 구시가에 도착하거나 푸니콜라레역에 내려서 푸니콜라레를 이용해 치타 알타에 오를 수도 있다. 걷기에는 꽤 먼 거리다.

맛보기°

알베르고 리스토란테 일 솔레 Albergo Ristorante Il Sole
알베르고이자 리스토란테로 치타 알타 중심에 위치한다.
address 바르톨로메오 콜레오니 거리 1번지 Via Bartolomeo Colleoni, 1
telephone 035 218238
url www.ilsolebergamo.com

일 포르나이오 Il Fornaio
화덕에 구운 다양한 종류의 피자가 있는 피체리아. 베르가모 알타 지구에 위치.
address 바르톨로메오 콜레오니 거리 3번지 Via Bartolomeo Colleoni, 3
telephone 035 249376

둘러보기°

베르가모 최고의 전망 감상하기
치타 알타의 산 비질리오San Vigilio역에서 푸니콜라레를 타거나 도보로 산 비질리오에 있는 로카Rocca를 올라가야 한다.

푸니콜라레

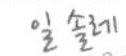

일 솔레

화덕 피자

오스트리아의 향기

볼차노

Bolzano

부르스트와 젬멜을 한입 베어 먹는 순간,
마치 이탈리아가 아닌 오스트리아에 서 있는 듯한 기분이 들었다.

당신이 움직이는 순간, 볼차노는 변신한다. 당신이 앞으로 나아가면 옆모습이 변하고, 당신이 뒤로 물러서면 새로운 얼굴을 내보인다. 볼차노의 중심에는 매력적이면서 모순되고, 거만하면서도 유혹적이며, 마음이 따스하면서도 차가운 배우가 있다.

— 라인홀트 메스너Reinhold Messner

알프스 산맥의 한 부분인 돌로미테Dolomite, 독일어로는 Dolomiten는 이탈리아 북부의 대명사이자 유네스코 세계 자연유산으로 선정된 곳이다. 일본의 후지 TV는 세계의 절경 100선 중에서 30번째로 돌로미테(남 티롤)를 소개했다. 돌로미테의 아름다운 자연 경관을 감상하기 위해 꼭 들러야 하는 도시가 바로 볼차노다. 볼차노가 속해 있는 이탈리아 북부 트렌티노 알토 아디제Trentino Alto Adige 주의 도시들은 새하얀 눈이 덮인 산봉우리와 초록의 계곡 그리고 평온한 호수가 한데 어울려 상큼한 자연의 향기가 넘친다. 인접한 도시들 중에서도 알프스 고원지대가 감싸안고 있는 넓은 계곡 분지에 평화롭게 자리 잡고 있는 곳이 바로 볼차노다. 볼차노로 향하는 기찻길을 따라 사과밭이 끝없이 이어지고, 녹음진 산비탈을 따라 포도밭이 한없이 펼쳐진다. 볼차노에 가까이 다가갈수록 대기 속에 상큼한 사과향과 달짝지근한 포도향이 섞여 있는 것만 같다.

평화롭고 고요한 도시에도 순탄치 않은 고난이 존재했다. 이 지역은

제1차 세계대전 이전에는 오스트리아-헝가리 제국에 속해 있었고, 당연히 독일어를 모국어로 사용했다. 하지만 종전이 되면서 이탈리아에 합병되었고, 무솔리니의 지휘 아래 강력한 이탈리아화 정책이 시행되었다. 그는 독일어를 사용하는 현지 주민들보다 이탈리아 어를 사용하는 외부인들을 세 배나 많이 이주시켜서 전형적인 이탈리아 도시로 만들려 했지만 결코 독일계 주민들을 완전히 소멸시킬 수는 없었다. 제2차 세계대전 후 독일어를 사용하는 주민들은 이탈리아 정부에 자치권을 요구했고, 결국 볼차노는 이탈리아 안에서 독일어를 사용하는 소수민의 권리를 보호한다는 특별 법령을 가진 자치 도시가 되었다.

그래서 볼차노는 이탈리아 내에서 공식적으로 2개 국어를 사용하는 독특한 매력을 지닌 도시이다. 도로의 이정표, 각종 상점이나 동네 슈퍼마켓의 물건에도 이탈리아 어와 독일어를 병기하고 있다. 그래서 이 도시는 언제나 이탈리아식 지명인 '볼차노'만으로 불리지 않는다. 독일어 지명인 '보첸'과 함께 '볼차노-보첸'이라 불린다. 이 독특한 방식은 티벳의 영적인 지도자 달라이 라마Dalai Lama로부터 높은 평가를 받았다. 그는 중국 지배하에 있는 티벳에 이 시스템을 적용할 수 있는지 연구하기 위해 볼차노를 여러 번 방문했다. 볼차노-보첸은 민족 갈등으로 고민하는 세계의 다른 나라들에 성공적이고 공평한 해결책을 제시하는 롤모델로서의 역할을 다하고 있다.

또한 볼차노는 2007년 이탈리아 도시들의 삶의 질 평가에서 인접한 트렌토Trento 다음으로 두 번째로 높은 점수를 받은 도시이기도 하다. 수많은 이탈리아 인은 너 나 할 것 없이 자신도 볼차노에 살고 싶다며 부러

워한다. 비록 시련과 격동의 시대가 있었지만, 볼차노만의 특별한 매력을 가지게 된 것은 역사의 아이러니일 것이다.

돌로미테를 하이킹하는 사람들 때문인지 볼차노에는 무거운 등산 가방을 짊어진 사람들이 자주 눈에 띈다. 해발 수천 미터의 고봉들이 즐비한 돌로미테의 관문이라 그런지 여름철인데도 도시를 감싸는 공기는 남부나 중부에 비해 훨씬 선선하게 느껴졌다. 더구나 잔뜩 흐린 하늘이 어느새 가랑비를 뿌리기 시작했다. 볼차노의 여름비는 시원하기보다는 서늘함에 가깝다. 반팔 티셔츠에 긴 셔츠를 한 장 걸치고도 몸이 으슬으슬 떨렸다. 조금이나마 추위를 덜어보고자 몸에 걸칠 수 있는 것을 구입하기 위해 포르티치 거리Via dei Portici, Laubengasse로 향했다. 이 거리는 무니치피오 광장Piazza Municipio, Rathausplatz에서 시작하는 우아한 아케이드가 길게 이어진, 볼차노에서 가장 아름다운 거리다. 이 아케이드 거리는 또한 볼차노의 상업 중심지이자, 가장 유명한 쇼핑센터 중 하나다. 우아하고 전통적인 동시에 모던한 상점들이 아케이드를 따라 길게 이어져 있다. 오랜 역사를 자랑하는 약국이 있는가 하면, 바로크풍의 화려한 건물도 있다. 그중 한 옷가게에 들러 가벼운 판초를 하나 구입했다.

어느새 구름이 걷히고, 중세의 흔적이 남아 있는 골목길에 고인 빗물마다 햇살이 빛나기 시작했다. 저녁 식사를 위해 현지인들이 쉴 새 없이 드나드는 베이커리에 들러 볼차노-보첸에서 유명한 애플 슈트루델Apfelstrudel을 샀다. 18세기 오스트리아 합스부르크Habsburg 제국을 통해 명성을 얻기 시작한 애플 슈트루델에는 재미있는 일화가 있다. 합스부르크 황제를 위해 요리를 하던 한 완벽주의 성향의 궁중 요리사는, 애플 슈트루델은 여러 개를 겹쳐 놓아도 러브레터를 읽을 수 있을 정도로 반죽이 얇아야 한다고 주장했다고 한다. 볼차노의 애플 슈트루델은 주재료인 사과를 포함해 모든 재료를 오직 돌로미테산으로만 사용한다.

호텔 방으로 들어가, 테라스에 놓인 작은 테이블 위에 장을 본 음식들을 펼쳐놓고 앉았다. 볼차노의 지붕 너머 산비탈 언덕에서는 무성한 포도밭이 푸르름을 자랑하고, 저 멀리 돌로미테의 높은 봉우리들은 구름을 인 채 우뚝 솟아 있다. 그때 포도밭 위로 일곱 빛깔 무지개가 선명하게 떠올랐다. 마치 손을 뻗으면 잡힐 듯이 선명하고 가까웠다. 볼차노의 첫 저녁은 그렇게 석양에 장밋빛으로 물들어가는 돌로미테의 봉우리와 포도밭에 걸린 무지개가 선사하는 아름다운 색채의 잔치 속에서 행복한 시간이었다.

소도시의 밤거리를 거니는 것만큼 행복한 순간이 어디 있을까. 특산품 가게의 쇼윈도에는 과일 증류주와 돌로미테에서 생산한 깨끗한 벌꿀을 전시하고 있다. 시청 광장 벤치에 앉은 연인은 사랑을 속삭이고, 아케이드 거리 입구에 세워둔 자전거 그림자는 길게 늘어졌다. 무거운 배낭을 짊어지고 싼 숙소를 찾아다니는 젊은 배낭여행자들의 발걸음에서 생기가 느껴졌다.

고즈넉함과 우아함이 공존하는 아케이드 거리에서 한참을 걸어가자 볼차노-보첸에서 가장 오래된 광장인, 에르베 광장Piazza delle Erbe, Obstplatz이 나타났다. 옛날이나 지금이나 변함 없이 과일과 야채 시장이 열리는

EMOTIONS

곳이다. 광장 한켠에 놓인 넵튠의 분수는 일명 가벨뷜트Gabelwirt라고 불리는데, 이는 '포크를 든 여관 주인'라는 뜻이다. 근처에 있는 손네 호텔Sonne Hotel에는 괴테와 독일 철학자이자 시인인 헤르더Herder, 신성 로마 제국의 황제 요제프 2세Joseph II가 머물렀던 곳으로 유명하다. 우아한 패턴의 지붕들과 돌출된 테라스의 건물들이 길 양쪽으로 이어지고, 그 길을 따라 시장의 노점상들이 길게 늘어섰다. 모양은 같지만 색채를 다르게 해서 아름다움을 더한 주택들의 모습에서 볼차노 시민들의 미적 감각을 엿볼 수 있다.

시장이 끝나는 스트라이테르 거리Via Dr. Streiter, Dr. Streitergasse에서 발걸음이 멈췄다. 은은한 종이로 만든 스탠드와 동그란 종이 등으로 노천 테이블을 장식한 레스토랑 브루셰테리아Bruschetteria(피시방크Fishbank, 2018년 현재)와 골목 위의 작은 아치가 어울린 소박한 풍경이 마음의 시선을 붙든다. 작은 아치 아래로 그림자를 길게 늘어뜨리며 걸어가는 사람들, 노천 테이블에서 은은한 조명에 비친 와인잔을 쨍그랑 부딪치며 천천히 와인을 음미하는 연인, 다양한 색채로 빛나는 주택들이 선사하는 묘한 아름다움에 가슴이 흔들린다. 아름다운 밤풍경을 두고 숙소로 돌아가고 싶지 않아 골목길을 차마 나서지 못하고 몇 번을 망설이며 배회했다.

완전한 어둠이 내린 뒤 비로소 온 길을 되돌아 처음보다 훨씬 느릿한 발걸음으로 숙소를 향해 되돌아갔다. 그런데 어디선가 피아노 연주가 들려온다. 음악 소리에 이끌려 발길이 향한 곳은 바로 독일의 음유시인 발터의 이름을 딴 발터 광장Piazza Walther, Waltherplatz. 볼차노의 응접실이라는 별명에 걸맞게 광장의 한가운데 꽃으로 수놓은 원형에 발터의 동상이 서 있고, 맞은편에는 웅장한 오스트리아풍의 두오모가 우뚝 솟아 있다. 광장 뒤쪽에는 시타 호텔이 자리 잡고 있다. 시타 호텔 1층이 바로 시타 카페인데, 사실 이곳은 1985년 이탈리아 최초의 맥도날드가 처음 문을 연 자리라고 한다. 아름다운 연주는 바로 그 시타 카페에서 흘러나오고 있었다. 화려한 호텔에 속한 카페여서 조금 주저했지만, 볼차노에서 밤의 낭만을 누리기에 이만한 곳은 없겠다는 생각에 노천 테이블 한 구석에 자리를 잡았다. 한 노인은 음악에 취했는지 아니면 와인에 취했는지 흥겨운 피아노 연주에 맞춰 홀로 덩실덩실 춤을 추었다.

돌로미테에서 불어오는 맑은 공기 때문인지 볼차노의 아침은 상쾌함 그 자체였다. 테라스에 서자 구름에 가렸던 돌로미테의 뾰족한 침봉들이 아침 햇살에 웅장한 실루엣으로 비쳤다. 가벼운 발걸음으로 발터 광장을 지나 에르베 광장으로 향했다. 재래 시장을 꼭 구경하고 싶었기 때문이다. 활짝 피어난 꽃과 싱싱한 과일, 색색의 야채, 코를 자극하는 빵 굽는 냄새, 각종 햄과 소시지 그리고 활기찬 상인들과 장을 보러 나온 볼차노 주민들의 미소가 어울려 생기가 돌았다. 넵튠의 분수 옆의 작은 가판대에 다가가보니 몇 가지 종류의 부르스트Wurst, 소시지와 간단한 빵을 곁들여 팔고 있었다.

– 구텐 모르겐Guten Morgen.

머리가 희끗희끗한 주인은 당연하다는 듯 독일어로 인사를 한다. 판매

HUBERT GASSER

대에도 독일어가 써 있다. 간단한 독일어로 인사를 나누고 뜨거운 물에 데친 부르스트와 젬멜Semmerl이라는 오스트리아 빵을 한입 베어 먹는 순간, 마치 이탈리아가 아닌 오스트리아에 서 있는 듯한 기분이 들었다. 맑고 눈부신 자연, 중세의 운치와 풍요로운 삶의 여유가 공존하는 가운데 오스트리아의 독특한 향기가 넘치는 문화의 교차로. 그곳이 바로 볼차노-보첸이었다.

가보기°

베로나에서 기차로 2시간 30분 소요. 볼차노가 속한 트렌티노-알토 아디제 지역의 주요 도시들을 꼼꼼히 이어주는 건 SAD 버스 노선이다. 기차역 바로 옆에 있다.

address 페라토네르 거리 Via Perathoner

telephone 840 000471

url www.sad.it

맛보기°

피시방크 Fishbank

종이 공예품으로 노천 테이블을 장식한 레스토랑. 등불이 켜진 밤에 노천 테이블에서 와인 한잔 곁들이면 낭만이 넘친다.

address 요셉 스트라이터 거리 Via Dr. Josef Streiter

telephone 015 2719 0217

머물기°

슈타트 호텔 치타 Stadt Hotel Citta

위치나 시설 면에서 볼차노 최고의 숙소다. 전통과 현대가 잘 조화된 곳으로, 1층 카페는 현지인들에게 무척 인기 있다. 지하에는 스파도 있다.

address 발터 광장 21번지 Piazza Walther, 21

telephone 0471 975221

url www.hotelcitta.info

들러보기°

에르베 광장 재래 시장

에르베 광장의 재래 시장을 구경해보자. 매주 월요일에서 토요일까지, 아침에 열리는 과일·야채 시장을 구경하며 장보는 재미가 쏠쏠하다.

피시방크

치타 카페

재래 시장

돌로미테의 초록 심장

알페 디 시우시

Alpe di Siusi

숲의 정령 실반스, 물의 정령 간네스, 선량한 마녀 마르타…….
이곳에 발길을 들여놓고 유유히 걸어가는 순간
마치 마법 세계에 들어선 듯한 착각이 든다.

자유가 무엇인지 누가 알겠는가? 나는 생각한다. 우리 등산가들이 그 자유에 가장 가까이 다가갈 수 있다고. 그 자유는 바로 지상 천국, 돌로미테다.

– 라인홀트 메스너

2009년, 유네스코는 석회암 성분의 붉은빛을 띤 돌로마이트라는 독특한 암석으로 이루어진 돌로미테를 세계 자연유산으로 지정했다. 이탈리아의 북동쪽, 알프스 산맥 끝자락에 위치한 돌로미테는 기기묘묘한 형상의 침봉들과 깨끗한 계곡, 잘 보존된 삼림, 드넓은 목초지와 독특한 티롤의 문화가 넘치는 세상에서 가장 아름다운 산악 지대다. 돌로미테의 골짜기 작은 마을에서 태어난 세계 최고의 산악가 라인홀트 메스너는 항상 돌로미테야말로 세계에서 가장 매력적인 산군이자 가장 화려한 보석이라고 열변한다. 그는 지금도 돌로미테와 사랑에 빠져 돌로미테 인근 쥬발Juval의 작은 성에서 살고 있다.

돌로미테 산맥의 남 티롤Sudtirol 지역인 볼차노-보첸 지역에 속한 알페 디 시우시독일어로는 Seiser Alm는 유럽에서 가장 높은 고도, 가장 큰 규모로 자리 잡은 초원이다. 알페 디 시우시는 논쟁의 여지가 없이 전 세계 고원 중 여왕으로 자타가 공인한다. 해발 2천 미터나 되는 높은 곳에 그 넓이가 무려 56평방킬로미터에 이르는 초원이 무한하게 펼쳐져 있는데, 이는 축구장 8천 개 넓이에 해당한다. 시우시의 가장 낮은 곳은 1천 8백 미터,

가장 높은 곳은 2천 3백 미터 정도인데, 평균 고도가 2천 미터를 넘는다. 여름철이면 알프스의 수많은 야생화가 군락을 이루고 청정한 바람결에 다채로운 색채로 군무를 펼치며 향기를 발한다. 수많은 하이킹족과 바이커, 등산가들이 여름 햇살 아래 시우시의 곳곳을 활기차게 누비고 다닌다. 겨울철이면 햇살에 눈부시게 반짝이는 흰 눈이 드넓은 초원을 포근한 담요처럼 뒤덮고, 시우시의 완만하고 부드러운 슬로프들은 스키어들과 스노보더들로 넘쳐난다. 시우시의 계곡과 산골짜기 곳곳에 수백 개의 대피소와 휴게소, 산장들이 있어 산악인들에게 이곳은 말 그대로 지상 천국이다.

볼차노 시외버스 정류장에서 출발한 SAD 버스는 산비탈 포도밭을 따라 달렸다. 계곡 사이 구불구불한 도로를 타고 버스가 부드럽게 턴을 할 때면 마치 마녀의 빗자루를 타고 있는 듯한 기분이다. 도중에 앞치마를 두른 할아버지가 맥주통을 버스에 실으며 올라타고는 '구텐 모르겐!' 하고 버스 운전사와 독일어로 인사를 주고받았다. 한 시간도 채 지나지 않아 버스는 시우시에 도착했다.

작고 아담한 마을 뒤편에 케이블카 승강장이 있다. 한산한 마을일 줄 알았는데, 케이블카 매표소에는 벌써 사람들로 시끌시끌했다. 끊임없이 순환하는 케이블카를 타고 숲 위를 지나 작은 마을 콤파치오Compaccio, Compatsch에 올랐다. 마치 스위스의 융프라우 지역처럼 알페 디 시우시에는 수많은 하이킹 코스와 다양한 케이블카 노선이 곳곳에 개발되어 있다. 2천 미터가 넘는 높은 봉우리까지 이어주는 케이블 노선도 몇 군데나 있다. 가장 평탄한 지역인 콤파치오에서 출발해서 산트너Santner를 거쳐 라우린Laurin으로 이어지는 가벼운 하이킹 코스를 선택했다. 평이한 코스여서 그런지 어린아이를 데리고 온 가족 여행자와 노부부 그리고 산악 자전거를 탄 바이킹족들이 주로 눈에 띄었다. 관광객을 실은 마차는 완만하게 경사진 길을 천천히 이동했고, 머리 위로는 리프트를 탄 여행자들이 환호성을 지르며 간헐적으로 스쳐갔다. 숨을 쉴수록 가슴 속이 맑아지는 느낌이었고, 복잡한 실타래처럼 엉켜 있던 머릿속은 초록의 대지와 푸른 하늘이 선사하는 청량감으로 금세 개운해졌다.

해발 2천 미터라고는 믿기 어려운, 그저 평평하기만 한 파노라마Panorama 정상으로 향하는 길 저 멀리에는 돌로미테에서 가장 높은 해발 3,343미터의 마르몰라다Marmolada, Punta di Penia 산이 만년설에 덮인 채 솟아 있다. 뒤를 돌아보는 순간, 감탄사가 터져 나왔다. 테라로사Terrarossa 산등성이를 따라 흘러내려온 쉴리아르 산이 지평선과 평행하게 이어지다가 갑자기 수직으로 깎여 산트너의 첨봉이 되었다.

돌로미테 봉우리들의 장엄한 형상은 종종 자연이 빚어낸 대성당으로 비유되기도 한다. 수백 년 동안 돌로미테는 이곳을 찾아온 여행자들에게 종교적인 경외감으로 이어지는 깊은 감명을 안겨주었다. 사방을 둘러볼수록 돌로미테의 대자연이 선사하는 경이로움에 숨이 막힌다.

초록의 고원 지대 한가운데 우뚝 솟은 쉴리아르Sciliar 산은 남 티롤의 상징이자 수많은 전설과 마녀 이야기에 단골로 등장하는 신비로운 곳이다. 길고 평평한 산등성이는 빗자루를 타고 각지에서 몰려온 마녀들에게

인기 있는 만남의 장소라고 한다. 뿐만 아니라 쉴리아르 지역은 신화와 전설들로 가득 차 있다. 들에 사는 난쟁이이자 숲의 정령인 살반스Salvans, 예쁜 꽃을 입은 살린겐Salingen 등 수많은 전설 속 존재들이 숨쉬고 있다. 그곳에 발길을 들여놓고 유유히 걸어가는 순간 마치 마법 세계에 들어선 듯한 착각이 든다. 맑은 샘에 사는 간네스Gannes는 물로 모든 종류의 병을 치료할 수 있는 물의 정령이다. '허브 여인'이라고 불리는 브레고스탄스Bregostans는 창백한 환자의 뺨에 장밋빛 광채를 가져다주는 마법의 힘을 지녔다고 한다. 아이들과 대자연을 사랑하고, 가끔 다람쥐로 변신하기도 하는 선량한 마녀 마르타Martha는 여가 시간에 숲을 산책하며 신선한 공기를 마시고, 온갖 동식물들과 대화를 나눈다고 한다. 사람들은 그녀가 숲의 아름다움을 경험하면서, 선하고 매력적인 품성의 마녀로 교화되었다고 믿고 있다. 숲에는 이렇게 모나고 악한 심성도 유순해지고 매력적인 영혼으로 만드는 힘이 있다. 어쩌면 이 전설들은 아무리 악한 마음, 거친 마음의 소유자라도 돌로미테의 자연 속에서라면 치유되고 정화되어 선한 영혼으로 변화될 수 있다는 믿음이 아닐까.

사방으로 산책로가 나 있는 파노라마 정상에서 이정표를 보며 잠시 고민하다가 돌로미테를 둘러싼 산들을 둘러보기 좋은 라우린Laurin으로 향했다. 파노라마 레스토랑 건물만이 달랑 한 채 서 있는 라우린의 초록 대지에 볼차노에서 구입한 판초를 살짝 깔았다. 두 팔과 두 다리를 활짝 펴고 드러누웠다. 풀내음을 머금은 바람이 코끝을 스치고, 하얀 구름이 알페 디 시우시의 하늘을 가득 채웠다. 초록 벌판 곳곳에 유모차를 끌고 온 가족이나 연인들이 옹기종기 자리를 잡고 간식을 먹거나 즐겁게 뛰어놀고 있었다. 질세라 볼차노의 재래 시장에서 산 부르스트와 젬멜 그리고 과자와 과일 등 점심으로 싸온 음식을 펼쳐놓았다. 제이슨 므라즈의 음악을 틀어놓고 풀밭 위의 점심식사를 즐겼다. 빵 한 조각과 부르스트를 한 입 베어물고 노래를 흥얼거리다가 시선을 들면 병풍처럼 둘러선 돌로미테의 산들이 마주보고 있다. 아이들의 웃음소리와 소곤소곤 들리는 이야기 소리. 아, 이곳이 바로 지상낙원이로구나. 돌로미테의 대자연은 마치 어머니의 품처럼 자신을 찾아준 여행자를 그렇게 오래도록 안아주었다.

세상 그 누구도 부럽지 않은 점심을 먹고 난 후, 잠시 달콤한 단잠에 빠졌다. 눈을 떠보니 갑자기 시커먼 먹구름이 흰구름을 몰아내고 머리 위로 몰려오고 있었다. 쉴리아르 산꼭대기에 모인 마녀들이 한가로운 소풍을 시샘해 심술을 부렸나보다. 미련 없이 훌훌 자리를 털고 일어났다. 알페 디 시우시의 또 다른 매력을 찾아가기 위해서다. 콤파치오 승강장에서 케이블카를 탔다.

남 티롤의 알페 디 시우시 지역에는 대자연의 품 곳곳에 그림 같은 마을들이 숨어 있다. 다음으로 향한 곳도 시우시에서 멀지 않은 곳에 위치한 작은 마을 카스텔로토Castelrotto, Kastelruth다. 이사르코Isarco 계곡 중턱에 그림 같은 풍경을 선사하는 카스텔로토는 이 지역에서 가장 매력적이고 인기 있는 마을이다. 명성 그대로 우아한 건물들의 외벽은 은은한 파스텔톤 색상으로 칠해져 있고, 창틀마다 활짝 피어난 원색의 꽃화분들이 내걸려 있다. 사실 카스텔로토는 아주 작은 마을이어서 여행자들을 위한 호텔과 성당, 관광안내소가 위치한 작은 광장이 볼거리의 전부다. 하지만 이곳은 마치 스위스 알프스의 마을처럼 아기자기한 아름다움이 있다. 거의 90미터나 되는 성당의 첨탑은 아름다운 종소리를 내는 것으로 유명하다. 그래서 이곳 사람들은 자랑스럽게 이 종을 '빅벨Big Bell'이라 부른다. 가는 날이 장날이라고 작은 광장 곳곳에 다양한 그림과 공예품, 생활용품, 인테리어 소품을 파는 가게들이 천막 아래 펼쳐져 있었다. 보통의 손재주와 예술적 감각이 아니고선 만들 수 없는 예쁜 물건들이 많다. 직접 시범을 보이며 파는 유리 공예품, 펠트 공예, 돌로미테의 자연과 마을을 그린 멋진 그림, 나무 장식품, 직접 가꾼 꽃과 식물을 말려 만든 액자, 헝겊과 짚, 나무로 만든 장식품 등 예술적인 아름다움과 함께 실용성을 갖춘 수공예품들이 현지인과 여행자의 지갑을 스스럼없이 열게 한다. 쉴리아르 산의 전설 때문인지 마을의 간판이나 그림 속에서 마녀들의 모습이 자주 눈에 띈다.

마을 광장 근처 신발 가게에 들렀다. 양털로 만든 털신이 5유로밖에 하지 않는다. 신발 가게 천장에는 빗자루를 탄 마녀 인형들이 주렁주렁 매달려 있다.

– 아, 그 마녀들은 아주 착한 마녀예요. 쉴리아르 산에 살고 있지요. 우리에게 도움을 주는 좋은 마녀예요.

묻지도 않았는데, 신발 가게 주인은 환하게 미소를 지으며 알려준다.

– 아, 그러면 이 마녀가 마르타겠군요.

Hexenkeller
BAR
RESTAURANT

자연 속에서 소박하게 살아가는 그들의 품성이 선하기에 마녀마저도 착한 게 아닐까.

작은 마을답게 아담한 광장에는 깨끗한 물이 흘러나오는 소박한 분수 겸 샘이 있다. 지나가던 주민이나 여행자들은 스스럼없이 샘에 놓여 있는 황동 잔에 물을 받아 시원하게 쭉 들이킨다. 몇 시간의 하이킹으로 메말랐던 입안이 시원해지고 가슴 속 깊은 곳까지 상쾌해졌다. 그 순간 문득 물의 정령 간네스가 이 샘에 살고 있을지도 모른다는 생각이 들었다. 어쩌면 이 물은 물의 정령 간네스가 도심의 공해와 분주한 일상에 찌든 자들에게 선사하는 정화와 치료의 물이 아닐까. 다시 한 번 황동 잔에 간네스의 생수를 가득 채우고 사막에서 오아시스를 만난 조난자처럼 벌컥 벌컥 들이켰다.

가보기°

볼차노 버스 정류장에서 SAD 버스를 이용하면 1시간 내외 소요된다. 버스 정류장에서 내려 케이블카 승강장까지 15분 정도 걸어서 이동한 뒤, 케이블카를 타고 시우시에서 콤파치오까지 가서 '알페 디 시우시 하이킹'을 즐긴다.
시우시에서 카스텔로토까지 이동은 정기적으로 운행하는 버스를 이용하면 된다.

질베르나글 카스텔로토 Silbernagl Castelrotto
address 쉴리아르 거리 39/1번지 Via Sciliar, 39/1
telephone 0471 706633
url www.silbernagl.it

머물기°

호텔 호이바트 Hotel Heubad
이름 그대로 티롤의 건초 목욕Hay Bath, Heubad을 체험해 볼 수 있는 호텔. 이 지역에서 거의 처음으로 건초 목욕을 시작한 전통을 지닌 곳이다. 발코니에서 바라보는 알페 디 시우시의 전망도 좋다.
address 쉴리아르 거리 12번지 Via Sciliar, 12
telephone 0471 725020
url www.hotelheubad.com

호텔 카발리노 도로 Hotel Cavallino D'Oro
카스텔로토의 중심인 크라우스 광장에 위치한 700년의 전통을 지닌 호텔. 많은 상을 수상한 레스토랑도 함께 운영 중이다.
address 크라우스 광장 Piazza Kraus, Castelrotto
telephone 0471 706337
url www.cavallino.it

해보기°

돌로미테 트레킹
알페 디 시우시의 다양한 케이블카를 타보고 돌로미테 자연 보호 구역 트레킹도 해본다. 겨울 시즌에는 스키를 즐기는 것도 좋다. 자신의 여행 일정에 맞는 탑승권을 구입해서 이용하면 된다.
시우시 마을 케이블카 승강장을 이용하면 되는데, 세계에서 가장 긴 공중 케이블카 구간이 바로 시우시–콤파치오 구간이다(4,300미터).
url www.seiseralmbahn.it

건초 목욕
숙박을 하지 않더라도 호텔 호이바트에 미리 예약을 하면, 일정 요금을 지불하고 건초 목욕을 할 수 있다. 2018년 기준으로 33유로, 50분 소요.

이탈리아의 알프스

아오스타

Aosta

만년설이 가득한 정상에서는 싸늘한 찬바람이
끊임없이 불어오고 구름은 바람에 흩날린다.
대자연 앞에서 겸손해질 수밖에 없는 인간의 왜소함을 사뭇 느낀다.

이탈리아 서북쪽 끝에 위치한 발레 다오스타Valle d'Aost 주는 알프스 산맥에 둘러싸인 험준한 산악 지대다. 프랑스의 몬테 비안코Monte Bianco, 몽블랑 산이 걸쳐 있는 곳이어서 이탈리아의 알프스라고 불리기도 한다. 서유럽에서 가장 높은 4,807미터의 몬테 비안코와 4,685미터의 몬테 로사Monte Rosa 등 4천 미터 이상의 고봉들이 즐비한 이곳은 이탈리아에서 가장 3차원적인 입체감이 느껴지는 지역이다. 프랑스와 인접한 지리적 특성으로 인해 이탈리아 어 외에 프랑스 어가 함께 사용된다. 평균 고도가 해발 2,000미터가 넘는 험준한 산악 지대여서 이탈리아의 20개 주 중에서 가장 좁으면서도 동시에 가장 높은 지역이라는 기록을 가지고 있다.

이탈리아 알프스의 진수를 느낄 수 있는 발레 다오스타의 주도가 바로 아오스타다. 아오스타는 계곡의 중심이자 지역 여행의 중심지다. 만년설이 쌓인 이탈리아 알프스의 대자연 속에 고요하고 평온한 모습으로 둥지를 틀고 있는 아오스타는 고대 로마의 유적들이 여전히 짙은 향기를 발하는 문화의 도시다. 로마 인들에 의해 건설된 10미터 넓이의 대로는 마을을 정확히 2등분하며 동서로 쭉 뻗어 있다. 로마 시대의 극장과 아우구스투스 개선문, 웅장한 성당들 그리고 두꺼운 포르타 프라이토리아Porta Praetoria 성문이 수천 년 세월의 흔적을 고스란히 안은 채 여전히 굳건한 모습으로 서 있다. 자연 속에 자리 잡은 마을의 특성상 나무를 이용한 다양한 목공예품들과 말린 버섯들이 기념품 가게를 가득 채우고 있다. 마을을 감싼 공기는 너무나 맑아서 로마 인들이 건설한 대로를 여유롭게 거닐다 보면 가슴속까지 시원해지는 느낌이다.

여행자들이 아오스타를 찾는 이유는 고대 로마의 유산 때문이기도 하지만, 무엇보다 이탈리아 알프스의 진면목을 느껴보기 위해서다. 알프스를 직접 체험하기 위한 전초기지는 바로 쿠르마이우르Courmayeur다. 아오스타에서 버스를 타고 1시간 정도 달리면 나오는 이곳은 몬테 비안코 기슭에 위치한 마을이다. 쿠르마이우르는 이웃하고 있는 프랑스의 샤모니Chamonix와 함께 몬테 비안코를 사이좋게 나눠 갖고 있다. 이탈리아에서 가장 높은 지대에 위치한 마을답게 그림처럼 아름다운 이곳은 산악가와 스키어들에게 많은 사랑을 받고 있어, 겨울철에는 유럽에서 가장 유명한 스키 리조트이고 여름철에는 등산가와 하이킹족들에게 최고로 인기 있는 여행지다.

쿠르마이우르가 사랑받는 더 큰 이유는 바로 이곳에서 케이블카Funivie Monte Bianco를 타고 몬테 비안코 정상에 위치한 전망대, 푼타 헬브론너Punta Helbronner에 오를 수 있기 때문이다. 케이블카를 타면 순식간에 해발 3,000미터가 넘는 전망대에 도착한다. 수많은 산사나이들이 목숨을 걸

Porcini secchi
1a scelta
selezionati
Nuovo Raccolto
E. 11.50

고 한걸음 한걸음 조심스레 내디뎠을 가파른 바위산을 경치를 감상하며 편안하게 오르는 여행자의 마음에 사뭇 미안함이 깃든다.

정상에 도달하자 눈앞으로 설원이 펼쳐지고 산악가들이 설원 위를 걸어가는 모습이 개미보다도 작게 보인다. 만년설이 가득한 정상에서는 싸늘한 찬바람이 끊임없이 불어오고 구름은 바람에 흩날린다. 고개를 돌리면 고봉 아래 수많은 첩첩 연봉들이 마치 제왕에게 문안하듯 늘어서서 몬테 비안코를 향해 머리를 조아리고 있다. 엄청난 대자연 앞에서 겸손해질 수밖에 없는 인간의 왜소함을 느끼는 곳이 바로 이 전망대다.

케이블카를 타고 내려오는 도중에 몬테 비안코 바로 아래 해발 2,173미터의 파비용 두 몽 프레티Pavillon du Mont Frety에는 야생화 정원이 있다. 진기한 알프스의 야생화들이 제법 평평한 지역에 조성되어 편히 구경하며

3
MONTE
BIANCO
www.montebianco.com

쉴 수 있는 곳이다. 간단한 도시락을 준비해 가면 정원 벤치에 앉아 대자연을 만끽하며 잠시 쉬는 시간을 가질 수 있어, 그 어떤 여정보다 편안함과 상쾌함을 선사한다.

쿠르마이우르에서 그냥 돌아가기에 아쉬움이 남는다면 주변 관광지를 잠시 둘러보는 것도 좋다. 몬테 비안코 기슭의 빙하 계곡 중 하나인 페레 계곡Val Ferret은 어린아이들이나 초보자도 크게 힘들이지 않고 편하게 자연을 즐기면서 걸을 수 있는 곳이다. 쿠르마이우르에서 버스를 타고 계곡 입구에 있는 폰트 페린Pont Perrin에서 내려 하이킹을 시작하면 된다. 길 왼쪽으로는 몬테 비안코의 빙하 녹은 물이 모여 형성된 도라 디 페레Dora di Ferret 강이 잔잔하게 흐른다. 산길에는 야생화들이 활짝 피어 있고 목장에는 소떼들이 한가롭게 되새김질을 하고 있다. 만년설이 녹아내린 계곡과 암벽, 초록의 풀들이 어우러진 페레 계곡은 대자연의 감미로운 서정시처럼 마냥 아름답기만 하다.

가보기°

기차로 토리노에서 2시간~2시간 30분 소요된다. 사브다Savda가 운행하는 버스를 이용하면 2시간 소요된다. url www.savda.it.

스카이웨이 몬테 비안코 Skyway Monte Bianco

아오스타 버스 터미널에서 사브다 버스를 타고 코우르마예우르까지 1시간 소요된다. 코우르마예우르에서 약 3km 거리에 있는 케이블카Funivie Monte Bianco 탑승장인 폰탈Pontal로 가서, 스카이웨이 몬테 비안코를 타고 해발 2,200m 파비온 두 몽 프레티Pavillon du Mont Fréty를 경유해 가장 높은 전망대인 해발 3,466m 푼타 헬브론너Punta Helbronner에 오를 수 있다. 스카이웨이 몬테 비안코는 완전히 새로운 설비를 갖추고 2015년 6월에 오픈했다.

address 스타탈레 거리 26번지 Strada Statale 26 dir

telephone 0165 89196

url www.montebianco.com

맛보기°

트라토리아 델리 아르티스티 Trattoria degli Artisti

양배추, 빵, 소고기와 양젖 치즈로 만든 아오스타의 전통 수프 세우파 발펠리넨체Seupa Valpellinentze와 소고기를 넣은 폴렌타Polenta를 맛볼 수 있다. 일요일, 월요일은 휴무.

address 마일렛 거리 5-7번지 Via Maillet 5-7

telephone 0165 40960

해보기°

알프스 야생화 정원 산책

여름철 라 팔뤼에서 푼타 헬브론너까지 오르는 케이블카의 중간역인 Pavillon du Mt. frety에서 내리면 알프스 야생화들로 가득 찬 자아르디노 알피노 사우수레아Giardino Alpino Saussurea가 펼쳐져 있다. 잠시 쉬어가거나 도시락을 먹으며 대자연을 감상하기에 좋다.

피에라 디 산토르소 Fiera di Sant'Orso

천 년 동안 이어져온 아오스타의 전통 나무 축제. 매년 1월 30일과 31일에 프레토리아 문 주변에서 개최된다. 가난한 사람들에게 나막신을 만들어 나누어준 수호성인을 기리는 축제로, 아오스타의 기념품 가게나 길거리에서 다양한 목공예 작품들을 볼 수 있다.

페레 계곡 하이킹

코우르마예우르 버스터미널에서 페레 계곡행 버스를 타고 폰트 페린Pont Perrin까지 가서 내리면 된다. 대부분 평탄하거나 약간의 오르막길이어서 무난하게 걸을 수 있다. 도중에 잠시 흐르는 계곡물에 발을 담그거나 쉬어갈 수 있다.

Venezia
Trieste
Burano
Cinque Terre
Tropea

05

꿈의 해안 소도시 여행

베네치아
부라노
트리에스테
트로페아
친퀘 테레

물의 도시

베네치아

Venezia

바다 위를 부유하는 도시 베네치아가
달콤한 말로 속삭인다.
어느 누구의 간섭도 없이
그렇게 오래도록 베네치아를 마주보았다.

베네치아 메스트레 역에 다다를 즈음 열차 객실은 시끌벅적한 웅성거림 속에 묘한 흥분의 기운이 감돌기 시작한다. 차창을 통해 아드리아 해 Mare Adriatico의 소금기를 머금은 바람이 흘러들면 여행자들의 가슴은 거칠게 뛰기 시작한다. 기차가 종착역을 향하는 동안 여행자들은 마치 약속이나 한 듯 창밖으로 펼쳐지는 아드리아 해와 수평선 너머 환영처럼 떠오르는 베네치아를 바라보며 침묵에 빠져든다. 19세기에 베네치아와 본토를 이어주는 제방길이 아드리아 해를 가로질러 건설되었고 이 제방 위로 철길이 놓여졌다. 그렇게 해서 마침내 그 이름도 설레는 산타 루치아 Santa Lucia 역이 생겨났다.

역을 나서자 눈앞에 도열해 있는 우아한 고딕 건물들 사이로 아드리아의 바닷물이 출렁거렸다. 분주하게 오가는 배낭 여행자들과 수상버스 바포레토Vaporetto들이 거리와 운하 할 것 없이 어지럽게 눈앞에서 교차한다. 어떻게 바다 위에 도시를 건설할 생각을 했을까? 567년 이민족에게 쫓긴 롬바르디아의 피난민들은 생존을 위해 아드리아 해 심장부인 베네치아의 라구나Laguna, 석호潟湖 위에 마을을 건설했다. 베네치아 인들은 슬로베니아의 서쪽 지역과 몬테네그로, 인근 크로아티아에서 벌목한 떡갈나무들을 바닷속 부드러운 모래층 아래 견고하게 압축된 점토층에 깊숙이 박아 넣었다. 나무들은 산소가 없는 물속에서 썩기는커녕 풍부한 미네랄을 끊임없이 공급받아 화석처럼 단단히 굳었다. 그래서 수백 년이 지난 지

금도 전혀 손상되지 않은 완전한 형태로 바닷물 속에 견고히 서 있다. 이 나무 말뚝 위로 건물이 세워지면서 마침내 물 위의 도시 베네치아의 역사가 시작될 수 있었다. 세상에서 가장 낭만적인 도시 베네치아는 바로 떡갈나무 화석 위에 건설된 도시다.

12시간 동안 무제한으로 바포레토를 이용할 수 있는 패스를 자동판매기에서 구입했다. 산 마르코 광장으로 향하는 2번 바포레토 난간에 몸을 기대고 운하를 따라 펼쳐지는 베네치아의 풍경 속으로 빠져들었다. 파란색, 빨간색 줄무늬 티셔츠를 입은 곤돌리에들은 능숙한 손놀림으로 날렵한 곤돌라를 젓고, 곤돌라에 몸을 실은 연인, 가족들은 함박웃음을 지으며 이리저리 손을 흔든다.

13세기 말 유럽에서 가장 부유한 도시가 된 베네치아는 공화국으로서 지중해를 장악하고 부와 권력의 절정을 누렸다. 15세기 중엽에는 3천여 척의 상선이 바다 위를 누볐다고 한다. 이 상선들은 필요시에는 곧바로 전함으로 전환할 수 있도록 석궁, 창 등의 무기와 갑옷을 항상 싣고 다녔다. 원래 노예나 죄수가 노를 젓는 전함인 갤리선에는 제비뽑기로 선출된 시민들이 승선해서 노를 저었고, 남은 가족들은 정부에서 부양을 해주었다고 한다. 그 옛날 수많은 상선들과 갤리선이 누볐던 아드리아 앞바다에 이제는 셀 수 없이 무수한 곤돌라들과 각처에서 몰려온 크루즈 유람선이 오간다.

카날 그란데Canal Grande를 오가는 곤돌라와 떡갈나무 말뚝 사이에 정박해 있는 수많은 곤돌라들을 바라보고 나서야 드디어 베네치아에 왔다는 실감이 들었다. 중세 시대 주요 교통수단이었던 곤돌라는 17~8세기에는 무려 만 대 가까이 존재했지만, 지금은 물의 도시를 찾아온 관광객들이 주로 이용하는 400여 대밖에 남지 않았다고 한다. 베네치아 시는 곤돌라를 화려하고 사치스럽게 치장하는 과열 경쟁을 막고자 법으로 제한하여 현재 모든 곤돌라는 검은색으로 칠해져 있다. 곤돌라는 벨벳 좌석과 페르시아산 양탄자로 내부를 꾸미고, 앞부분에는 6개의 노치Notch로 된 금속 조각으로 장식한다. 베네치아의 6개 구역을 상징하는 6개의 노치는 베네치아 총독의 모자를 본따 만들어졌다고 한다.

바포레토가 리알토 다리Ponte di Rialto를 지나 산 마르코 광장 가까이 다가갈수록 운하를 오가는 곤돌라의 수는 더욱 늘어났다. 한 곤돌리에가 잠시 곤돌라를 멈추고 구성지게 뽑아내는 칸초네 한 가락이 아드리아의 파도를 따라 출렁거리며 퍼져나갔다. 춤추듯 흔들리는 곤돌라, 흥겹게 철썩이는 파도의 합창과 어우러진 곤돌리에의 노랫소리는 낭만 그 자체였다.

베네치아는 하루 평균 5만 명의 여행자들이 찾는 세계 최고의 여행지이지만, 물의 도시 베네치아는 버스도, 택시도, 경찰차도 모두 보트일 수밖에 없어 유럽에서 가장 넓은 무無 자동차 지역이다. 아직도 베네치아에서는 수백 년 전 과거의 모습 그대로 물 위로 이동하거나 두 발로 미로 같은 골목길을 걸어야 한다. 어찌 보면 이런 불편함이 오히려 현대의 문명에 지친 여행자들에게는 좀 더 낭만적인 시간을 경험하게 해주는 계기가 되는지도 모른다.

카날 그란데를 가로지르는 우아한 목조 다리 아래를 지날 즈음 저 멀리 산타 마리아 살루테Santa Maria della Salute 성당의 새하얀 돔이 나타났다. 살루테Salute는 '건강'을 의미한다. 17세기, 15만 베네치아 시민 3분의 1의 생명을 앗아간 흑사병이 끝난 것을 기념해 세운 성당이라 그런지 바라보기만 해도 마음이 편안해진다. 목조 다리를 건너던 사람들은 자신도 모르게 발길을 멈춰 난간에 팔을 기대고 하염없이 눈앞에 펼쳐진 꿈같은 풍경을 바라보며 넋을 잃는다. 바포레토가 목조 다리를 지나 부드럽게 왼쪽으로 돌자 우아한 베네치아의 건물들 위로 캄파닐레 종탑이 불쑥 머리를 내밀었다. 비단 같은 흰구름이 뒤덮인 하늘 아래 스치듯 지나가는 골목마다 곤돌라와 여행자들의 행렬은 끊임없이 이어졌다. 웅장한 베네치아 비엔날레 재단La Biennale di Venezia Fondazione 건물도 스쳐갔다. 시선이 닿는 풍경마다 그대로 한 폭의 그림이 되고, 서정시가 되고, 노래가 되고, 감탄사가 되는 곳이 베네치아다.

바포레토가 산 마르코 광장 역에 도착하자 대부분의 여행자들이 우르르 내렸다. 베네치아의 중심답게 산 마르코 광장 선착장을 따라 늘어선 수많은 곤돌라들이 파도를 따라 마치 아리아의 선율처럼 올라갔다 내려가기를 반복했다. 관광객을 실은 곤돌라도 운하를 한 바퀴 돌아보고 나서 이곳에 손님들을 내려주었다. 살루테 성당을 배경으로 끊임없이 오고 가는 곤돌라와 곤돌리에가 만들어내는 풍경은 그저 베네치아 그 자체였다. 리스트가 작곡한 〈베네치아와 나폴리Venezia e Napoli〉의 첫 곡, '곤돌리에르Gondolier'의 피아노 선율이 마음속에 흘렀다.

산 마르코 광장 선착장에서 가장 먼저 눈에 들어온 건 베네치아의 가면이었다. 해마다 2월이면 펼쳐지는 가면 축제의 명성에 걸맞게 베네치아

의 화려한 가면은 무라노Murano 섬의 유리 공예품과 함께 여행자들이 가장 선호하는 기념품 중 하나이다. 가면을 구경하며 발걸음을 옮기다 보니 어느새 바다 건너 산 조르조 마조레San Giorgio Maggiore 성당이 반긴다. 산 마르코 광장을 마주보고 있는 이 아름다운 성당의 종탑은 파노라마처럼 펼쳐지는 베네치아의 장관을 감상할 수 있는 최고의 장소다. 수백 년의 세월이 흘렀지만 바다 깊숙이 박힌 나무 말뚝은 여전히 베네치아를 굳건히 떠받치고, 바다 건너 수평선 위에 떠 있는 산 조르조 마조레 성당은 여전히 아름다우며, 말뚝에 매어둔 곤돌라가 맵시 좋게 흔들리는 모습은 과거나 지금이나 같을 것이다. 마치 무언가에 홀린 듯 바닷가에 하염없이 서 있다가 발밑에서 흰 포말을 일으키며 철썩이는 파도에 홀연히 깨어났다. 파도가 깨우지 않았다면 무작정 그곳에 망부석처럼 서 있을지도 모를 일이었다.

카페 플로리안에서 흘러나오는 음악 소리와 바로크풍의 우아한 산 마르코 대성당Basilica di San Marco과 두칼레 궁전Palazzo Ducale, 기개가 느껴지는 종탑Campanile di San Marco이 한데 어울린 산 마르코 광장은 나폴레옹으로부터 '유럽에서 가장 우아한 응접실'이라는 찬사를 받은 아름다운 광장이다. 광장은 수많은 비둘기 떼와 여행자 무리가 섞여 조금은 소란스러웠고, 한창 보수 중인 탄식의 다리Ponti dei Sospiri는 어느 유명한 다국적 기업의 광고판으로 도배가 되어 보는 이들의 탄식을 자아냈다.

베네치아를 향한 한없는 애정을 질투하듯 갑자기 서쪽 하늘에서부터 먹구름이 몰려들기 시작하더니, 마침내 빗방울을 하나둘 떨어뜨리기 시작했다. 빗방울이 떨어지기 시작하자 광장과 골목을 가득 메우던 사람들은 순식간에 비를 피해 사라졌고, 운하를 오가던 곤돌라도 대부분 자취를 감추었다. 하지만 언제 다시 베네치아를 찾게 될지 모르는 다정한 부부 한 쌍은 쏟아지는 빗속에서 우산 하나를 정겹게 받쳐 들고는 카날 그란데를 향해 곤돌라에 몸을 싣고 나아갔다. 대다수의 곤돌리에들은 잠시 일손을 멈추고 천막 아래 둘러앉아 한가한 모습으로 잡담을 나눴다.

특별한 목적지 없이 베네치아의 골목길을 무작정 돌아다녔다. 쏟아지는 빗속에 인적 없는 골목길과 작은 광장, 수로들은 온전히 혼자만의 세상, 혼자만의 공간이다.

기념품 가게 처마 밑에 잠시 몸을 피하고 쏟아지는 빗줄기를 바라보았다. 이렇게 비가 쏟아지면 베네치아가 물에 잠기지는 않을까 걱정이 될 정도였다. 사실 주기적으로 상승하는 아드리아 해 북부의 조류 현상과 베네치아 석호로 불어오는 남풍 시로코Scirocco, 아드리아 해 연안의 차고 건조한 북동 계절풍인 보라Bora 때문에 산 마르코 광장은 겨울철 우기가 되면 여기저기 침수된다. 이렇듯 바다와 바람이 만나 해수면이 상승해서 베네치아를 물에 잠기게 하는 현상을 아쿠아 알타Acqua Alta라고 부른다. 빗물에 젖어드는 베네치아는 금방이라도 아드리아 해 수면 아래로 사라져버릴 듯한 아련함마저도 선사한다.

어느새 회색빛 먹구름 뒤로 베네치아의 해가 지고, 산 마르코 광장을 뒤덮은 대기는 푸르스름한 색채를 덧입었다. 베네치아의 일몰만큼 낭만적인 풍경은 피렌체 외에는 없다고 감히 자부한다. 하루 종일 쏟아지던

비는 그쳤지만, 늦은 시간 탓에 여행자들의 발걸음은 드물었다. 산 조르조 마조레 성당이 보이는 선착장에 서서 아드리아 해와 베네치아의 하늘이 어스름 속에 하나가 되어가는 모습을 응시했다. 떡갈나무 말뚝에 매어둔 곤돌라들은 비발디의 사계에 맞춰 날렵한 몸통을 흔들며 나란히 군무를 추었고, 날카롭던 파도는 선창에 부딪히더니 부드러운 곡선을 그리며 어지럽게 흩어졌다. 간혹 바포레토와 작은 보트들이 빛의 궤적을 남기며 하늘과 바다 사이를 가로질렀다. 여행자들이 사라진 공간 속에 베네치아만이 남았다. 바다 위를 부유하는 도시, 바다 위에 떠 있는 예술작품이 달콤한 말로 속삭인다. 어느 누구의 간섭도 없이 그렇게 오래도록 베네치아를 마주보았다.

Travel Memo

가보기°

유럽의 주요 도시와 이탈리아 내 주요 도시에서 연결된 기차 편이 많다. 베네치아 산타 루치아Santa Lucia역이 종착역이다. 베네치아 내에서는 페로비아Ferrovia로 표시된다. 베로나에서 1시간 15분~2시간 30분 소요. 밀라노, 볼로냐, 피렌체 등 연결편이 많다.

맛보기°

라 콜론나 리스토란테 La Colonna Ristorante

폰다멘테 누오베Fondamente Nuove 바포레토 선착장 근처에 있다. 합리적인 가격으로 전통 베네치아 요리를 맛볼 수 있다. 직원이 친절하고 영어도 잘 통한다.

address 칸나레지오 53/29번지 Cannaregio, 53/29

telephone 041 5229641

url www.lacolonnaristorante.com

해보기°

카 마카나 Ca'Macana**에서 카니발 가면 만들기**

베네치아의 가장 오래된 공방에서 카니발 가면 만들기를 체험해보는 것도 재미있다.
월요일 오전 11시, 금요일 오후 2시 30분에 강의가 시작되며 총 2시간 30분 동안 진행된다.
영어, 이탈리아 어, 프랑스 어로 진행하며 최소 6명이 모여야 한다. 미리 예약할 것.

address 보테게 거리, 도르소두로 3172번지 Calle delle Botteghe, Dorsoduro 3172

telephone 041 2776142

url www.camacana.com

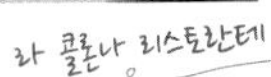

칼초네 피자

카니발 가면

마법 같은 행복

부라노

Burano

영원히 변치 않을 색채.
　아무리 두꺼운 먹구름, 회색빛 하늘 아래에
부라노는 우울해하거나 움츠리지 않는다.

베네치아의 산 마르코 광장 선착장에서 매시 15분에 출발하는 부라노행 바포레토 LN선을 탔다. 빗방울이 조금씩 거세어졌다. 빗물에 흐릿해진 창밖으로 베네치아가 멀어져갔다. 비가 쏟아지는 아드리아 해를 1시간쯤 달리자 마침내 회색빛 하늘과 바다 사이에 무지개처럼 다채로운 색채의 띠 하나가 선명하게 떠올랐다. 색채의 마술사가 살고 있을 듯한 섬, 부라노다. 먼 바다 왼편으로 아스라이 보이는 베네치아의 실루엣이 마치 한 폭의 수묵화 같다. 기울어가는 산 마르티노 성당Chiesa di San Martino의 종탑이 수평선을 따라 낮게 펼쳐진 부라노의 주택들과 묘한 대비를 이룬다. 부라노 선착장에 다가갈수록 색채는 더욱 선명해졌고, 비를 맞고 조용하던 사람들은 금세 수다스러워졌다. 바포레토에서 내려 본격적으로 부라노의 골목 속으로 걸어갔다.

16세기까지만 해도 부라노는 평범한 어촌 마을에 불과했다. 하지만 부라노의 여인들이 정교하고 섬세한 레이스를 만들기 시작하면서 곧 이 섬은 유럽에서 레이스 산업의 중심지로 명성을 떨치게 되었다. 18세기에 베네치아의 쇠퇴와 함께 부라노도 그 명성을 잃어가다가 1872년 레이스 학교를 설립하면서 이전의 명성을 다시 되찾는가 싶더니 값싼 대량 생산 시

대의 조류를 따라잡지 못했다. 전통 방법에 따라 생산된 진짜 부라노의 레이스는 더 이상 부라노의 가장 넓은 통행로, 발다사레 갈루페 거리Via Baldassare Galupe 가판대에서 보기가 힘들어졌다. 섬에 있는 기념품 가게에서 팔고 있는 레이스 상품들 대다수는 외부에서 수입되거나 기계로 대량 생산된 제품일 확률이 높다. 하지만 부라노의 레이스 박물관에는 과거부터 현재까지 이곳에서 만들어진 아름다운 레이스 공예품들이 전시되어 있고, 운이 좋으면 부라노 섬의 할머니들이 전통 방식으로 레이스를 만드는 모습을 구경할 수도 있다.

비는 더욱 심하게 쏟아졌지만 우산 없이 빗속을 걸었다. 우산도 거추장스럽게 느껴질 정도로 자유롭게 돌아다니는 시간이 마냥 좋았다. 낡고 페인트칠도 희미해진 대부분의 중세 유럽 건물들과는 대조적으로 부라노 섬의 주택들은 마치 바로 어제 색칠을 한 것처럼 너무나 선명했고 깨끗했다. 여행자들은 몇 걸음 옮기다가 사진을 찍고, 또 몇 걸음 못가서 걸음을 멈추고 사진을 찍었다. 카메라 셔터 소리가 그 어느 곳보다 시끄러울 정도로 자주 들리는 부라노에서는 누구나 예술 작품을 건질 수 있다. 미국의 디즈니월드는 부라노 섬을 디즈니월드 패밀리 리조트의 모델로 삼았다고 한다. 마치 비밀의 묘약을 숨겨놓은 듯이, 작은 크기의 섬이지만 부라노는 사람들의 발길을 붙잡는 매력이 숨어 있다.

왜 부라노 사람들은 화려한 원색으로 외벽을 칠하는 걸까? 부라노 사람들이 밝은 색채로 외벽을 칠하게 된 건 알록달록한 색을 배합해 어선을 칠하던 풍습에서 비롯되었다고 한다. 현재는 정부에 신청을 하면 담

당 기관에서 그 집이 속한 부지에 허용된 몇 가지 색을 알려주고 그중 마음에 드는 색을 골라 집을 칠하는 시스템을 따르고 있다. 작은 운하를 따라 앙증맞은 보트들이 길게 늘어서 있고, 초록, 노랑, 파랑, 빨강, 분홍, 보라 등 화사하고 밝은 색 옷을 입은 아기자기한 집들이 길게 이어진다. 부라노의 색채를 보고 있으면 신기하게도 마음엔 작은 기쁨의 물결이 일고, 행복의 기운이 불어온다. 마음에 깃든 어둠을 밝게 채색하고, 어두운 표정을 밝게 만드는 묘한 힘 덕분인지 섬을 거니는 여행자들은 자신도 모르는 새 유난히 들뜨고 활기찬 웃음을 짓는다.

비가 너무 거세게 쏟아져서 할 수 없이 발다사레 갈루페 거리의 한 카페에 자리를 잡았다. 하루 종일 비를 맞고 다니니 온몸이 으슬으슬 떨렸다. 따스한 카푸치노 한 잔을 들이켜자 손발 구석구석까지 따스한 기운이 퍼져나간다. 회색 먹구름 아래 우중충한 대기 속에서도 부라노의 색채는 결코 밝은 원색의 빛을 잃지 않고 있다.

영원히 변치 않을 색채. 아무리 두꺼운 먹구름, 회색빛 하늘 아래 놓일지라도 부라노는 결코 우울해하거나 움츠리지 않는다. 부라노를 찾는 여행자들은 포기할 줄 모르는 원색의 희망이라는 선물을 받고 돌아간다는 것을, 몇 시간 빗속을 걸어 다닌 후에야 어렴풋이 깨닫게 되었다. 나만의 변치 않을 희망의 색깔은 무엇일까, 카푸치노 한 잔을 앞에 두고 깊은 생각에 잠겨본다.

제임스 조이스의 피난처

트리에스테

Trieste

아드리아 바다에서 불어오는 소금기 어린 바람과
카페 창밖으로 흘러나오는 커피 향이 적절히 섞인 공기.
여행자의 가슴에 묘한 화학 작용을 일으키는 곳, 트리에스테.

카페는 자유를 향한 길이다.

– 장 폴 사르트르

베네치아에서 기차를 타고 북동쪽으로 2시간을 더 달리면 이탈리아 북동부 끝자락, 아드리아 해와 슬로베니아의 국경선 사이에 위치한 트리에스테에 닿는다. 하지만 정작 이 도시는 이탈리아도 슬로베니아도 아닌 오스트리아의 향취가 진하게 풍겨나는 묘한 매력을 지니고 있다.

트리에스테는 로마 제국을 거쳐 오랜 기간 합스부르크 왕조의 통치하에서 지중해로 진입하는 유일한 항구 도시로서 크게 성장했다. 오스트리아–헝가리 제국 시절에는 비엔나, 부다페스트, 프라하에 뒤이어 네 번째로 큰 도시로 발돋움하기도 했다. 냉전 시대에는 변방 지역으로 소외되기도 했지만, 최근에는 유럽 연합의 발전과 함께 아드리아 해 북부의 중요한 항구 도시로 다시금 주목을 받고 있다. 합스부르크 왕조 시절 바로크 양식의 건축물이 가득한 트리에스테의 구시가지를 거닐다 보면 마치 오스트리아에 와 있는 듯한 착각이 든다. 지금은 이탈리아에서 가장 부유한 도시 중 하나이고, 아름다운 해변을 찾는 여행자들에게는 최고의 휴양도시이기도 하다.

눈부시게 푸르른 아드리아 해를 앞에 두고 유럽 대륙을 등지고 선 지

리적인 위치 때문에, 트리에스테는 역사적으로 오랫동안 유럽의 중요한 항구이자 무역 도시로서의 역할을 맡아야 하는 운명이었다. 유럽에 최초로 아라비아 커피가 소개된 곳이 바로 트리에스테였고, 오늘날 유명한 일리Illy 커피가 탄생한 곳도 이곳이다. 1933년 기업가이자 과학자인 프란체스코 일리Francesco Illy는 자신의 고향인 트리에스테에서 일리 커피를 창립했다. 이때부터 트리에스테는 아드리아 해의 항구 도시로서 남아프리카와 남미에서 커피를 수입해 유럽 전역으로 커피를 보급하는 커피 유통의 중심지가 되었다.

1935년 일리는 증기를 압축 공기로 대체하는 '일레타Illeta'라고 하는 혁신적인 에스프레소 커피 머신을 발명했다. 일레타를 개량한 것이 바로 현재 우리들이 카페에서 쉽게 접할 수 있는 현대적인 커피 머신들이다. 그는 '카푸치노나 카페라테처럼 우유를 넣는 커피는 로스팅이 잘못된 에스프레소의 결점을 커버하기 위한 속임수다' 라고 주장하며 에스프레소

본래의 맛을 강조했다. 지금도 트리에스테에 본사를 두고 있는 일리 커피는 그의 셋째 아들 안드레아에 의해 운영되고 있다. 일리의 본고장이라 그런지 비엔나풍의 화려하고 세련된 건축물들과 골목마다 늘어선 다양한 카페마다 일리 마크가 붙어 있다. 아드리아 바다에서 불어오는 소금기 어린 바람과 카페 창밖으로 흘러나오는 커피향이 적절히 섞여 있는 트리에스테의 공기는 여행자의 가슴에 묘한 화학 작용을 일으킨다.

넓은 도로를 사이에 두고 한쪽으로는 도시를 향해 운하가 일직선으로 뻗어가고 다른 한쪽으로는 눈부신 아드리아 해가 푸른 하늘 아래 원색의 물감을 풀어놓은 듯 시원스럽게 펼쳐진다. 당장은 진한 에스프레소 한 잔보다 배고픔을 채우는 게 우선이었다. 1897년 처음 문을 연 전통 식당, 뷔페 다 페피Buffet Da Pepi를 찾아가는 발걸음은 허기진 만큼 급했다. 벌써 노천 테이블도, 조금 소란스러운 식당 안도 빈 자리가 거의 없을 정도로 붐볐다. 구석에 겨우 한 자리를 발견하고 얼른 자리를 잡았다. 외국 여행자들이 많이 찾는 곳이라 그런지 영어 메뉴판도 만들어놓아 주문하기에 편리하다.

이곳의 추천 메뉴는 온갖 부위의 고기들이 구워지고 삶아져서 한 접시 가득 담겨 나오는 플라토 믹스토Plato Mixto. 요리 부위 중에 소의 혀나 돼지 귀도 있어서 깜짝 놀랐다. 한쪽에서는 돼지 족발도 익히고 있다. 요리를 하고 있는 조리대가 테이블에서도 보이도록 배치해 놓았는데, 김이 무럭무럭 피어오르는 기다란 소 혀가 접시에 담겨 있는 모습은 조금 그로테스크하다. 겨자 소스와 함께 적당한 크기로 썰어져 나온 고기는 우리나라의 수육처럼 부드러워 입안에서 사르르 녹았다. 하지만 정체를 알 수 없는 몇몇 부위들은 먹기가 부담스러워 살짝 맛만 보다가 내려놓았다. 눈앞에 소 혀와 돼지 귀가 어른거리는데, 옆자리의 손님들은 고기 맛을 음미하듯 누구나 할 것 없이 즐거운 표정으로 점심을 즐기고 있었다. 어쨌든 고기로 속을 채우니 금세 힘이 솟았다.

시원스럽게 사각형으로 펼쳐진 이탈리아 통일 광장Piazza Unita d'Italia은 화려한 바로크풍의 건축들로 둘러싸여 아름답기만 하다. 무엇보다 광장 앞으로 푸른 아드리아 해가 시원스럽게 펼쳐져서 그런지 답답하던 가슴이 뻥 뚫린다. 이 광장은 유럽에서 바다와 접해 있는 광장 중 제일 큰 곳으로 알려져 있다. 1919년 전까지만 해도 이 광장은 피아차 그란데Piazza Grande, 이름 그대로 거대한 광장으로 불렸다. 광장 가운데 우람한 바위로 쌓아올린 4대륙의 분수Fontana dei Quattro Continenti는 한때 영화로웠던 트리에스테의 번영을 상징하는 듯하다.

광장 뒤로는 언덕 위에 산 지우스토San Giusto 성이 트리에스테와 아드리아 해를 내려다보고 있다. 성으로 오르기 위해 광장 옆 골목으로 들어섰다. 조금 낡았지만 기품 있는 건물과 소박한 카페들이 좁은 골목길마다 이어져 있다. 후덥지근한 여름 햇살에 조금 지쳐서 눈앞에 있는 예쁜 아이스크림 가게에서 잠시 쉬며 다시 기운을 차리고 마침내 성에 올랐다. 성 바로 아래 넓은 평지에는 로마 시대 유적들이 드문드문 트리에스테의 찬란했던 과거를 재현하고 있다. 자유를 찾기 위한 전쟁에서 죽어간 이들을 기리는 조각상Monumento ai Caduti nella Guerra di Liberazione은 평화로운 하늘 아래 트리에스테를 지켜주듯 언덕 위에서 내려다보고 있다. 온갖 중세 무기들이 전시된 성 내부를 돌아본 뒤 성벽에 올라 내려다보는 트리에스테는 너무나 아름답고 평화로웠다. 마치 자애로운 어머니처럼 바다가 트리에스테를 보듬어주는 형상이었다.

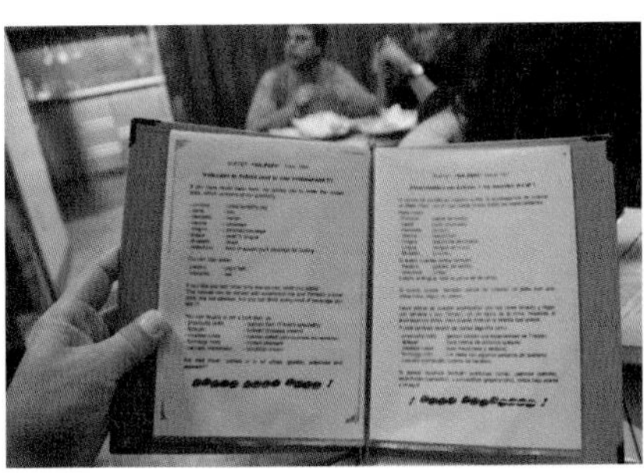

나는 〈율리시스〉 속에 너무나 많은 수수께끼와 퀴즈를 감춰 두었기에 앞으로 수세기 동안 대학 교수들은 내가 뜻하는 바를 거론하기에 분주할 것이다. 이것이 자신의 불멸을 보장하는 유일한 길이다.

– 제임스 조이스

인적이 드문 길을 내려오면서 트리에스테가 이탈리아의 다른 도시들에 비해 유난히 조용하다는 걸 느낄 수 있었다. 골목길도 조용하고, 골목길을 오가는 들고양이마저 얌전하다. 통일 광장을 지나 아드리아 해가 펼쳐진 선착장을 따라 걸었다. 햇살에 반짝이는 바다를 보며 드문드문 사색에 빠진 사람들과 개를 데리고 산책하는 다정한 커플들의 모습이 한껏 평화로움을 더해준다.

어쩌면 그 때문에 아일랜드 더블린 출신의 시인이자 현대 영문학의 가장 난해한 걸작 〈율리시스〉의 작가 제임스 조이스James Joyce가 이곳을 안식처(혹은 피난처)로 선택하지 않았을까. 그가 고향 더블린을 떠나 사랑하는 아내와 정착해서 행복한 10년을 보낸 곳이 트리에스테였다. 그의 최초의 시집 〈실내악〉과 최초의 소설집 〈더블린 사람들〉이 이 시기에 출판되었다.

풍요로운 벨 에포크Belle Epoque의 시절은 가고 19세기에 종영을 고한 '핀 데 시에클Fin-de-Siecle'이라고 불리는 세기말에 트리에스테는 문학과 음악의 중요한 허브로 등장했다. 20세기 초 조이스를 비롯해 스베보Italo Svevo, 프로이트 등 당대의 유명한 작가와 철학자들이 트리에스테를 찾았다.

제임스 조이스가 트리에스테에 살면서 작품을 쓰기 위해 자주 찾았던

카페 톰마제오Caffe Tommaseo를 찾아 나섰다. 1830년 처음 문을 연 카페 톰마제오는 트리에스테에서 가장 오래된 역사를 가진 카페다. 겉보기에는 평범해 보이지만 안으로 들어서면 화려한 비엔나풍 커피 하우스의 진면목을 피부로 느끼게 된다. 처음에는 화가들이 직접 내부 장식을 그리고, 벨기에에서 가져온 대형 거울로 내부를 꾸몄다. 그러다가 1997년 내부를 리뉴얼하면서 전통 비엔나 카페 스타일로 다시 꾸몄다고 한다. 오랜 역사를 지닌 카페라 그런지 낮은 목소리로 대화를 나누는 노인들을 제외하면, 손님 대부분은 제임스 조이스의 흔적을 찾기 위해 들르는 커다란 카메라를 둘러맨 여행자들이다. 어떤 기품 있는 노부인은 하얀 종이를 앞에 두고 이따금 깊은 사색에 빠져가며, 고급스런 펜으로 무언가를 열심히 적고 있다.

진한 에스프레소보다는 부드러운 거품이 있는 카푸치노 한 잔을 주문했다. 프란체스코 일리가 보면 진정한 커피의 맛을 모른다고 핀잔을 줄지도 모르지만 지금 이순간만큼은 쓰디쓴 에스프레소보다는 부드러운 카푸치노를 맛보고 싶었다. 부드러운 카푸치노의 거품이 좋은 이유가 고단한 인생의 쓴맛을 잠시나마 잊고 싶어서라고 대답한다면 이 또한 구차한 변명이겠지만 말이다. 촉박한 기차 시간에도 개의치 않고 의자에 깊숙이 엉덩이를 밀어넣은 채 오래도록 카푸치노를 홀짝이며 자리에 앉아 있었다.

가보기°

베니스에서 기차로 2시간 소요된다. 동유럽에 인접한 위치로 인해 슬로베니아, 크로아티아의 주요 도시들과 버스로 연결되어 있다.

맛보기°

다 페피 뷔페 Buffet Da Pepi

1897년 처음 문을 연 트리에스테의 인기 식당.
수육처럼 푹 익힌 돼지고기와 각종 소시지, 족발, 소 혀, 돼지 귀와 같은 특수 부위를 익히거나 구워서 판매한다. 각종 고기가 섞여 나오는 플라토 믹스토Plato Mixto를 추천.
address 카사 디 리스파르미오 거리 3번지 Via Della Cassa Di Risparmio, 3
telephone 040 366858
url www.buffetdapepi.it

카페 톰마제오 Caffe Tommaseo

비엔나풍의 예쁜 카페로, 작가 제임스 조이스의 단골 가게였다.
address 톰마제오 광장 4번지 Piazza Tommaseo, 4
telephone 040 362666
url www.caffetommaseo.it

초콜라트 Chocolat

젤라토와 초콜릿을 파는 아기자기한 카페.
address 카바나 거리 15/b번지 Via Cavana, 15/b
telephone 040 300524

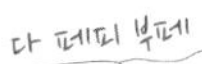
다 페피 뷔페

톰마제오

초콜라트

칼라브리아의 숨겨진 보물

트로페아

Tropea

수많은 파라솔과 그 파라솔처럼
하늘에 둥둥 떠 있는 흰 구름떼,
드문드문 서 있는 우람한 야자수들,
그 사이로 불어오는 바람과 시원한 파도소리.

칼라브리아Calabria는 장화 앞굽에 해당하는 이탈리아 남서부, 지중해에 접한 지역을 말한다. 남서쪽으로는 시칠리아, 서쪽으로는 티레노 해, 동쪽으로는 이오니아 해에 면하고 북쪽으로는 바실리카타Basilicata 주와 닿아 있다. 이탈리아에서 가장 가난하지만, 드라마틱한 능선과 눈부신 해안 절경 그리고 셀루리안 블루빛 바다가 어우러진 가장 매혹적인 곳이다. 부유한 북부에 비해 남부는 늘 개발에서 소외되고 뒤쳐졌지만 오히려 그로 인해 깨끗한 자연과 전통의 삶이 잘 보존될 수 있었다. 칼라브리아 사람들은 이탈리아에서 가장 낙후된 삶을 살아가지만, 그들의 마음에는 이탈리아 어디에서도 보기 힘든 따스함과 정이 넘친다.

현지인들에게 칼라브리아에서 가장 아름다운 마을을 추천해 달라고 부탁하면 대부분 주저하지만, 여행자의 입에서 먼저 트로페아라는 단어가 나오면 누구나 엄지손가락을 치켜세운다. 칼라브리아 티레노 해안의 가장 아름다운 마을을 선발하는 대회에서 트로페아가 매번 우승을 차지하는 이유 역시 트로페아를 직접 가본 사람이라면 누구나 고개를 끄덕이며 수긍하게 된다.

티레노 해안의 진주라고 불리는 트로페아는 바다에 접해 있는 가파른 벼랑 위에 건설된 마을이다. 깎아지른 암벽 위에 수백 년 된 주택들이 해안을 따라 구불구불 이어지고, 그 어느 곳보다 고운 모래사장이 벼랑 아

VINI &
DINTORNI
VINOTECA
PRODOTTI
LOCALI
Fattoria Sila®
IL PICCO DEL GUSTO
ORIGINAL ITALIAN
BRUSCHETTA
SPADAFORA

MACELLAIO

PESCATORE
CON CANNA
PESCATORE

래를 따라 길게 이어진다. 전설에 따르면, 그림보다 아름다운 이곳을 헤라클레스가 건설했다고 해 헤라클레스 항구라고도 부른다. 아찔한 바위 절벽과 새하얀 모래사장에 둘러싸인 트로페아는 아직 현지인들 외에는 거의 알려져 있지 않은, 가공하지 않은 다이아몬드 원석과도 같은 여행지다.

설레임을 가득 안고 마을 중심을 가로지르는 비토리오 에마누엘레 대로Corso Vittorio Emanuele를 거닐어본다. 대로 양쪽으로 이어진 작은 길을 따라 걸으면 숨겨진 작은 광장이 나타나고, 소박한 레스토랑의 테이블이 몇 개 보인다. 트로페아에는 거창한 관광 명소가 없다. 그저 작은 골목길을 따라 걷다보면, 바람에 흔들리는 야자수와 낡은 집 그리고 그들이 땅에서 땀 흘려 가꾼 농작물을 파는 식료품 가게에서 소박한 남부 사람들의 삶의 흔적을 발견할 수 있다.

그렇게 여유롭게 마을의 중심인 에르콜레 광장Piazza Ercole의 가장 아래쪽으로 향했다. 광장의 끝은 뻥 뚫려 있어서 난간에 다가가 몸을 아래로 기울일 때까지는 땅이 보이지 않는다. 그저 깃털 같은 흰구름들이 수놓아진 눈부신 하늘과 푸른 티레노 바다가 어울려 마치 헤라클레스가 힘차게 한 폭의 대형 수채화를 그려놓은 듯하다. 눈부신 바다와 하늘을 바라보고, 새하얀 해변을 내려다볼 수 있어, 벨베데레belvedere, 전망대에 서서 눈앞을 보면 마치 한 마리 새가 된 듯 비상하는 기분이 든다. 먼 티레노 바다에서 불어온 해풍이 온몸을 덮쳤다가 겨드랑이 사이로 빠져나간다. 막혀 있던 가슴이 시원스럽게 뻥 뚫린다.

트로페아를 여기저기 배회하고 있는데, 카페 테이블에 앉아 있던 아리따운 가브리엘라Gabriella가 갑자기 손을 흔들며 반가워한다. 트로페아를 찾기 위해 메타폰토에서 기차를 탔을 때 우연히 같은 칸에 타게 되어 통성명을 한 이탈리아 친구들이다. 그들은 카탄자로 리도Catanzaro Lido에 사는 친구를 만나기 위해 도중에 내려야 해서 아쉬움 속에 작별을 했는데,

트로페아에 간다는 말을 기억하고 있었나 보다. 자신의 친구들, 발레리아와 조반니와 함께 차를 몰고 2시간이나 달려 트로페아를 찾아왔다고 한다. 그러고는 거리를 오가는 사람들을 유심히 살펴 마침내 찾아내 손짓을 해온 것을 보면 정말 소중하고 놀라운 인연이다.

우주물리학을 연구하는 조반니는 무뚝뚝하지만 속 깊은 정이 느껴져서 경상도 사나이 같았다. 칼라브리아에서 나고 자란 남부 토박이 조반니는 가이드가 되어 이곳저곳으로 안내하면서 이 지역의 특산품과 남부 사람들에 대해서도 열심히 소개해주었다.

이 골목 저 골목 돌아다니다가 함께 저녁식사를 위해 찾아간 곳은 어느 골목 구석에 있는 소박한 오스테리아 일 칸타스토리에Il Cantastorie였다. 우리는 트로페아의 특산품인 붉은 고추pepe rosso가 들어간 파스타와 빨간 양파가 들어간 칼초네 피자, 생선 4마리와 오징어 튀김이 함께 나오는 해산물 세트를 주문했다. 든든한 체격의 조반니는 친해지자 금세 수다스러워졌다.

– 칼라브리아 인은 무뚝뚝하고 혼자 있기를 좋아해. 또 먹기를 무척 좋아해서 실제로도 많이 먹지. 우리 어머니는 오랜만에 객지에서 돌아온 내게 왜 이렇게 말랐냐며 막 먹이기만 하셔. 이렇게 덩치가 좋은데 말이야. 하하.

대부분의 이탈리아 어머니들, 특히 칼라브리아 여인들은 가족들을 위해 어떤 음식을 만들지 하루 종일 고민하고 요리를 하는 데 전념한다고 한다.

– 북부 사람들은 남부 칼라브리아 사람들을 테로네Terrone, 농부라고 불러. 늘 척박한 땅에서 일하는 교양 없고 무식한 남부 사람이라며 낮춰 부르는 거야. 그러면 남부 사람들은 북부 사람들을 그들이 즐겨 먹는 옥수수죽이나 먹으라며 폴렌타Polenta라고 부르지.

식사를 하며 조반니의 재미난 이야기를 듣다 보니 어느새 시간이 한참 흘러 헤어질 순간이 되었다. 동양인이라고는 하나 없는 낯선 땅에서 마음으로 반겨주고 속 편히 얘기를 나눌 수 친구의 존재가 얼마나 귀하고 든든한지는 여행길에서 친구를 얻게 되면 저절로 깨닫게 된다. 우리는 아쉬움 속에 힘찬 악수와 뜨거운 작별의 포옹을 나누었다.

다음날 트로페아를 떠받치고 있는 절벽 아래 해안가로 내려갔다. 해변가로 내려갈수록 더욱 드라마틱한 트로페아의 아름다움이 눈에 들어왔다. 바닷가에 작은 섬처럼 바위 절벽이 있고, 그 꼭대기에 중세 베네딕트회 예배당인 산타 마리아 델리솔라Santa Maria Dell'Isola가 둥지를 틀고 있다. 해변에서 구불구불한 길을 따라 올라갈 수 있는데, 안타깝게도 수리 중이어서 해안가에서 지켜볼 수밖에 없었다. 예배당 정원에서 바라보는 트로페아 전경이 숨 막힐 정도로 낭만적이라는 소리에 안타까움만 더했다. 오전인데도 벌써 부드러운 모래사장을 따라 수많은 파라솔들이 활짝 펼

Tropea

쳐지고 수영복을 입은 휴양객들이 바다에 뛰어들거나 선탠을 즐기고 있었다. 남부의 하늘은 투명하리만치 맑았고, 뭉게구름과 모래사장은 빛의 파편을 뿌리며 풍성히 반짝였다. 코발트빛 티레노 바다는 끊임없이 파도를 일으키며 흰 포말을 몰고 왔다.

트로페아를 포함해 피초Pizzo에서 리카디Ricadi까지 이어진 티레노 해안을 두고 사람들은 너무나 아름다운 나머지 '코스타 델리 데이Costa degli Dei, 신들의 해안'라고 부른다. 트로페아는 또한 레감비엔테Legambiente, 이탈리아에서 가장 유명한 환경단체가 매년 128개의 지침을 가지고 도시를 평가하여 발행하는 〈귀다 블루Guida Blu〉로부터 최고 등급인 '5-sails'를 수상했다. 이 평가에는 자연의 아름다움, 오염도, 여행자를 위한 시설, 소음 레벨, 환경 친화적인 쓰레기 처리 등의 항목이 포함되어 있다. 아직까지 많은 사람들에게 잘 알려져 있지 않아서 더욱 깨끗하고 아름다운지도 모른다. 이곳은 현지 이탈리아인들과 햇살을 찾아온 독어권 여행자들이 주로 찾는다고 한다.

해안을 따라 걷다가 뒤를 돌아보면 깎아지른 벼랑 위에 트로페아의 중세풍 집들이 우뚝 솟아 있고, 거칠게 몰려온 흰 파도와 코발트빛 바다, 하늘이 한데 어우러져 한 폭의 그림 같은 풍경이다. 발걸음을 옮길 때마다 절벽 위의 트로페아는 놀라운 풍경으로 보는 이를 압도한다. 수많은 파라솔과 하늘에 둥둥 떠 있는 흰 구름떼, 드문드문 서 있는 우람한 야자수, 그 사이로 불어오는 바람과 시원한 파도소리, 아이들의 웃음소리에 오감이 활짝 열렸다. 트로페아를 떠나는 기차 시간도 잊고, 마치 넋이 나간 사람처럼 신들의 해안을 오래도록 배회했다.

가보기°

트로페아를 포함해 피초Pizzo에서 리카디Ricadi까지 이어진 티레노 해안이 너무나 아름다워 사람들은 이곳을 '코스타 델리 데이Costa delgi Dei, 신들의 해안'이라고 부른다. 피초에서 기차로 30분, 비보 발렌티나Vibo Valentina에서 25분 거리에 있다.

맛보기°

일 칸타스토리에 Il Cantastorie
서민적인 리스토란테 겸 피체리아.
address 몬테 거리 6번지 Via del Monte, 6
telephone 096 361205

라 빌레타 La Villetta
유럽 피자 대회에서 다수의 상을 받을 정도로 유명한 피체리아.
address 인디펜덴차 거리 38번지 Via Indipendenza, 38
telephone 345 7604311

머물기°

돈나 치치나 Donna Ciccina Bed & Breakfast
구시가 중심에 자리 잡은 깔끔하고 안락한 숙소, 아침 식사도 제공된다.
address 펠리치아 거리 9번지 Via Pelliccia, 9
telephone 096 362180
url www.donnaciccina.com

둘러보기°

크레아치오니 알티스티케 일 파로 Creazioni Artistiche "Il Faro ", 예술의 창조 '등대'
남부 사람들 전통 생활 방식을 보여주는 인형들이 전시 · 판매된다. 마치 작은 민속박물관 같다.
address 피에트로 루포 디 칼라브리아 9번지 Via Pietro Ruffo di Calabria, 9
telephone 096 362741
url www.ilfaropresepi.it

남부의 기념품과 소품들

트로페아 특산물인 붉은 양파

트로페아에서 본 바다

사랑의 길

친퀘 테레

Cinque Terre

리오마조레, 마나롤라, 코르닐리아, 베르나차, 몬테로소 알 마레…….
천상의 아름다움이 깃든 다섯 개의 땅, 친퀘 테레.

친퀘 테레는 이탈리아 장화 왼쪽 윗부분에 해당하는 레반토Levanto의 리구리아Liguria 해안을 따라 드라마틱하게 늘어선 어촌 마을이다. 이탈리아 어로 '다섯 개의 땅'을 뜻하는 친퀘 테레는 다섯 마을을 잇는 멋진 해안길과 푸른 바다, 깎아지른 절벽이 바로 이어지는 산악 지대, 산비탈에 늘어선 포도밭과 올리브 나무, 절벽 위에 아찔하게 둥지를 튼 파스텔톤의 집 그리고 넉넉한 마음의 어부들이 한데 어우러진 곳이다. 아름다운 서정시와 웅장한 서사시가 절묘하게 조화를 이루어 천상의 아름다움을 만들어내는 친퀘 테레의 다섯 마을을 묶어 1998년, 유네스코는 세계 문화유산으로 지정했다.

절벽 위에 은거하는 수도승처럼 평화롭던 이곳은 최근 전 세계에서 몰려드는 여행자들로 발 디딜 틈 없이 붐비고 있다. 여름 성수기, 호텔부터 B&B까지 친퀘 테레의 모든 숙소는 넘쳐나는 여행자들로 인해 '투토 콤플레토Tutto completo, 빈방 없음' 표지판을 내걸기 바쁘다. 험준한 산과 푸른 바다가 공존하는 아름다움, 낡고 소박한 매력이 살아 있는 곳이 바로 친퀘 테레다.

친퀘 테레는 리오마조레Riomaggiore, 마나롤라Manarola, 코르닐리아Corniglia, 베르나차Vernazza, 몬테로소 알 마레Monterosso al Mare 다섯 마을로 이루어져 있다.

친퀘 테레의 다섯 마을에 가려면 일단 라 스페차La

Spezia로 가야한다. 관광안내소에 들러 하이킹 지도와 기차 시간표를 챙기고 '친퀘 테레 카드'를 구입한다. 이 카드로 정해진 기간 동안 추가 비용 없이 친퀘 테레가 포함된 라 스페차와 레반토Levanto 구간의 열차와 버스를 마음껏 이용할 수 있다.

친퀘 테레의 가장 남쪽에 위치한 아름다운 마을, 리오마조레는 바닷가에 바로 붙어 있는 마을로 아름다울 뿐만 아니라 하이킹을 원하는 여행자들에게 최고로 인기 있는 곳이다. 하이킹 코스 중 가장 인기 있는 '비아 델 아모레Via dell' Amore, 사랑의 작은 길'가 시작되는 곳이어서 늘 도보 여행자들로 붐빈다.

마나롤라는 바라보기만 해도 즐겁고 평화로움이 넘친다. 바닷가에 인접한 암벽 위에 겹겹이 모여 있는 파스텔톤 집에서는 사람 사는 냄새가 물씬 난다. 모래사장은 없지만 평평한 바위들로 이루어진 만에는 수영과 선탠을 즐기러 나온 사람들로 가득하다.

해안가 가파른 절벽 위에 자리 잡고 있는 코르닐리아는, 친퀘 테레의 다섯 마을 중 항구를 가지고 있지 않은 유일한 마을이다. 가파른 산비탈을 따라 구불구불 이어진 경작지, 그 위에 층층이 솔방울처럼 쌓인 집과 바다가 어우러진 풍경이 숨을 멎게 한다.

베르나차는 너무나 매력적인 어촌 마을이다. 작은 해변과 어울리는 작은 항구, 카스텔로 도리아Castello Doria라는 탑이 있는 작은 성과 겹겹이 쌓인 낡은 집들 그리고 그 집들을 둘러싼 포도밭과 산이 만들어내는 절경에 감탄사가 절로 나온다.

몬테로소 알 마레는 친퀘 테레 마을들 중 가장 넓은 해변을 자랑하는

만큼 여행자들로 붐비고 숙소 구하기가 힘든 곳이다. 해변은 넓지만 유료 구역과 무료 구역으로 나뉘어 있으니 잘 선택해서 바다를 즐기면 된다. 몬테로소 알 마레 옆에 위치한 레반토를 기억해 두는 것도 좋다. 레반토의 해변은 몬테로소보다 덜 붐비고 좀 더 여유롭다. 여름철에는 레반토에서 화려한 깃발 축제와 십자가 행진이 벌어지는데 색다른 볼거리다.

친퀘 테레에는 다섯 개의 마을을 이어주는 다양한 트레킹 코스가 있다. 다섯 마을을 잇는 코스의 전체 길이는 13킬로미터 정도이고, 마을 사이의 평균 거리는 3.2킬로미터 정도다. 마을 전체를 다 걷는 데는 평균 대여섯 시간 정도 걸리지만 도중에 마을을 구경하고 휴식시간을 가질 걸 생각하면 하루만에 다 돌아보기는 조금 힘든 일정이다. 차라리 오전과 오후로 나누어 한두 마을 정도만 돌아보는 것이 좋다.

리오마조레와 마나롤라 구간은 편안한 코스를 원하는 여행자들에게 가장 적합하다. 여행자들에게 가장 인기 있는 코스인 '사랑의 작은 길'이 바로 리오마조레 기차역에서 시작된다. 2킬로미터가 조금 넘는 구간이어서 다 걸어도 20분 정도밖에 소요되지 않는다. 도중에 유명한 키스 조각상이 있는데, 연인들이 키스를 나누며 꼭 기념사진을 찍는 최고의 인기 장소다. 키스 조각상이 있는 터널 벽에는 다양한 사랑의 낙서와 그림들이 있다.

마나롤라와 코르닐리아 사이의 트레킹 구간은 약 1시간 소요되는데, 비교적 평이하고 덜 힘든 구간이다. 하지만 코르닐리아 마을 자체가 절벽 위에 있어 마을로 들어가기 위해서는 350개의 계단을 올라야 한다.

Bar
Ristorante
Lila

BAR

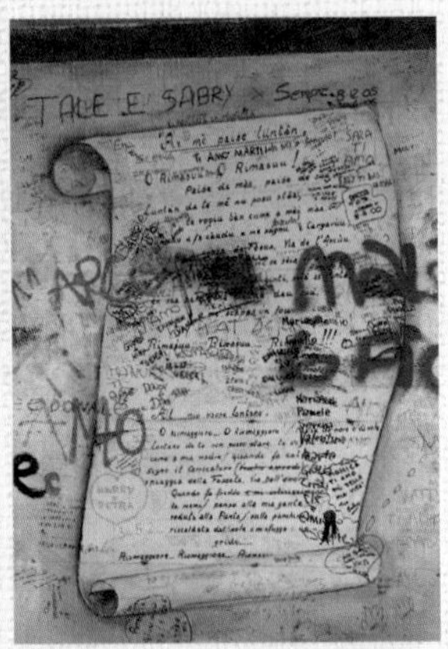
TALE E SABRY

COMUNE DI RIOMAGGIORE
Via dell'Amore
APERTA
OPEN
OFFEN
OUVERTE

하지만 고생한 만큼 멋진 풍경을 선사해 주는 곳이기도 하다.

코르닐리아와 베르나차 구간은 숲속과 절벽길 그리고 작은 올리브 나무 숲 사이를 걸을 수 있는 다양한 체험을 제공하는 코스다. 코르닐리아에서 시작되는 길은 사랑스럽고 매력적이다. 오래전부터 경작되어 온 산비탈의 테라스 밭과 올리브 나무들은 친퀘 테레의 진정한 아름다움을 느끼게 해준다. 1시간 30분에서 2시간 정도 소요되는 이 코스는 오르막길과 내리막길이 섞여 있으므로 중간 중간 경치를 즐기면서 쉬어가는 게 좋다. 베르나차의 카스텔로 도리아 탑에 올라 바라보는 전경은 숨 막힐 정도로 아름답다.

베르나차와 몬테로소 알 마레 구간은 4킬로미터 정도로 짧지만 가파른 계단이 섞여 있고 오르막과 내리막길이 많아 조금은 힘든 코스다. 1시간 20분 정도 소요된다. 그러나 아름다운 베르나차의 풍경과 친퀘 테레에서 가장 넓은 해변을 자랑하는 몬테로소에서는 마음껏 수영을 즐기며 쉴 수도 있다.

친퀘 테레가 가장 아름다운 시간은 밤이 오는 순간이다. 떠들썩하던 관광객들이 모두 떠나고 오로지 파도소리와 달빛, 그리고 집집마다 작은 불빛이 켜지는 시간. 가만히 바라보기만 해도 마음에는 작은 기쁨이 파도를 건너 은은한 빛줄기처럼 스며든다.

Ravenna
Pisa
San Gimignano
Assisi

06

세계 문화 유산 소도시 여행

TABACCHERIA
ARETE

순례자의 도시

아시시

Assisi

이탈리아 중부의 푸른 심장, 움브리아 주의 수바시오 산Monte Subasio 비탈에 내려앉은 소박하고 평화로운 작은 마을, 아시시. 성자 프란체스코의 발자취가 구석구석 아로새겨진 그곳에 서면 소란스럽던 마음은 이내 내면의 고요를 얻게 된다. 그리고 다시 속세로 돌아와서야 아시시가 고단한 현실 세계에 존재하는 천상의 아름다움을 지닌 곳이었음을 비로소 깨닫는다.

페루자에 머물면서 버스로 1시간도 채 걸리지 않는 아시시를 찾은 건 어찌 보면 너무나 당연한 일이었다. 움브리아 평원을 달리는 버스 창문에서 올려다보는 아시시는 마치 천상의 도시인 듯 태양빛을 받아 새하얗게 빛났다. 간혹 나무지팡이를 짚으며 부지런히 아시시를 향해 걸어가는 순례자들이 눈에 띄었다. 버스가 조금 경사진 길을 달려 마을 뒤편의 마테오티 광장으로 다가갈수록 두근거리던 마음이 오히려 조금씩 진정되기 시작했다.

몇 년 전, 특별한 기대 없이 들렀던 풍경 그대로의 모습에 긴장했던 마음의 고삐가 풀어지고 발걸음이 느려졌다. 아시시는 조용히 산책하거나 한가롭게 배회하기에 좋은 마을이라는 걸 걸을수록 느낀다. 좁고 가파른 골목길과 아기자기하고 소박한 주택들 사이로 보이는 아시시의 평원은 적막하리만치 평화롭다. 골목골목 오랜 전통의 맛집들이 뽐내거나 자랑하는

일 없이 숨어 있고, 빛바랜 프레스코화가 군데군데 보인다.

주저 없이 산타 키아라 성당Basilica di Santa Chiara으로 향한다. 분홍빛 돌로 지어진 아름다운 키아라 성당 앞 광장에 서면 마치 자애로운 어머니의 품에 안긴 듯 편안해진다. 담장에 앉아 시장에서 산 풋사과를 한입 베어 물었다. 상큼한 사과 내음이 주변을 맴돌더니 온몸에 향기롭게 퍼져나간다.

광장에서 내려다보는 아시시 평원은 그 자체로 평화롭다. 따사로운 오후 햇살에 나무들이 길게 그림자를 늘였고, 초록과 갈색으로 가꾸어진 들판, 띄엄띄엄 자리 잡은 평범한 주택들이 그려내는 풍경은 그 어떤 그림보다 아름답다. 산비탈을 따라 군집을 이루어 자라는 올리브 나무들은 충만한 생명력으로 햇살에 반짝반짝 윤기가 흘렀다.

사실 아시시는 1997년 큰 지진으로 도시가 파괴되는 아픔을 겪었다. 하지만 조금씩 세심하게 그리고 온전하게 재건되어 지금은 마을 어디에서도 그 상처를 찾아보기 힘들다.

아시시로 하여금 오늘날의 명성을 얻게 한 것은 다름 아닌 평화의 성자 프란체스코임을 누구도 부인할 수 없다. 아시시의 부유한 포목 상인의 아들로 태어나 방탕한 삶을 살던 프란체스코는 어느 날 신의 존재를 깨닫고 방탕의 길에서 벗어나 겸손하고 가난한 삶을 살기 시작했다. 그는 자신이 소유한 모든 것을 가난한 이들에게 나누어 주었고, 맨발로 걸어 다녔다. 심지어 추운 겨울에 입고 있던 옷마저 벗어 주어 거의 벌거벗은 채로 돌아다닌 일화는 너무나 유명하다. 또한 예수 그리스도가 십자가에 못 박혔을 때 받은 상처와 같은 모양의 다섯 개의 상처를 받은 사실이 알려져 훗날 더욱 사람들의 존경을 받았다.

프란체스코는 그를 따르는 11명의 제자들과 함께 '작은 형제회'라는 수도회를 만들었는데, 이 작고 소박한 수도회는 세상을 밝히는 아름다운 큰 나무와 같은 역할을 하고 있다. 그의 제자들이 작은 마을을 교회와 수도원, 성소로 가득 채워 아시시는 골목과 광장마다 예쁜 분홍빛 돌로 세워진 건축물들로 가득하다. 하지만 이런 건축물보다는 그가 남긴 삶의 발자취 자체가 사람들의 가슴에 깊고 큰 울림을 주고 있다.

산타 키아라 성당에서 조금만 걸어가면 햇살 가득 쏟아지는 코무네 광장Piazza del Comune에 이른다. 광장에는 장중한 코린트 양식의 돌기둥 여섯 개가 떠받치고 있는 미네르바 신전Tempio di Minerva이 시선을 사로잡는다. 기원전 1세기에 건설된 이 고대 로마 신전에서는 우아한 품위가 느껴진다. 때마침 광장을 가로질러 마치 그 옛날 프란체스코처럼 허름한 수도승 복장을 한 여윈 몸의 남자가 눈앞을 스쳐갔다. 더구나 그는 맨발이었다. 순례자일까? 구도자일까? 편안한 신발을 신고 카메라를 들고 있는 차림새가 갑자기 불편해졌다. 프란체스코처럼 맨발의 저 남자처럼 훌훌 욕심 없이 살아가고픈 마음으로 가슴이 뜨거워졌다. 그러나 이 또한 그저 바람으로 그칠 뿐이라는 걸, 용기 있는 자만이 욕심 없는 삶을 선택할 수 있다는 걸 잘 알고 있다. 그래서 어쩌면 더욱 오래도록 그를 바라보고 있었는지도 모르겠다.

조금은 울적해진 마음으로 프란체스코 거리Via San Francisco를 따라 아시시의 최고의 명소인 성 프란체스코 성당Basilica di San Francisco으로 향했다. 다른 어느 도시보다 유난히 많은 순례자와 수도승, 수녀들이 조용히 골목길을 걸어가는 모습이 눈에 띈다. 프란체스코의 발자취가 고스란히 남아 있는 성자의 마을을 거니는 여행자들은 자기도 모르게 마음의 평안을 얻고 놀라게 된다. 성 프란체스코 성당 안에는 〈작은 새에게 설교하는 성 프란체스코〉를 비롯해 프란체스코의 생애를 그린 조토Giotto di Bondone의 연작 벽화 28장이 있다. 또한 복층으로 구성된 바실리카 양식의 지하 묘지에는 성 프란체스코의 무덤이 있다. 그의 무덤 앞에서 잠시 고개를 숙였다.

성 프란체스코 성당 너머로 황금빛 태양이 저물고 있었다. 성당 앞 잔디밭에는 평화를 뜻하는 'Pax' 문양이 새겨져 있고, 무성한 올리브 나무 한 그루가 우뚝 서 있다. 성당 너머 움브리아 평원은 고요 속에 안식을 맞이하고 있다. 성 프란체스코 성당 앞에서 바라보는 아시시의 일몰은 세상에서 가장 평화롭고 절대적인 고요의 풍경이다. 아시시의 일몰 속에 서 있어본 이라면 누구나 느끼게 된다. 비록 순례자나 구도자가 아닐지라도, 오히려 세속에 물든 영혼일수록 아시시는 다른 그 어느 곳보다 따스하고 자상한 품으로, 고요한 침묵으로 품어주는 곳이라는 걸 말이다. 아무런 말이 필요 없는 시간. 그저 바라보는 것만으로도 기도가 되는 곳, 그리고 세상 속에서 이리 치이고 저리 치여 생채기투성이가 된 마음이 한없는 위로를 얻는 곳, 아시시. 프란체스코가 인생의 말년, 지독한 병의 고통 속에서 죽음을 맞으며 고백처럼 기도처럼 지었다는 〈태양의 찬가〉의 한 구절이 조용한 노래가 되어 흘러 나왔다.

오 감미로워라. 가난한 내 맘에 한없이 샘솟는 정결한 사랑.
오 감미로워라. 나 외롭지 않고, 온 세상 만물 향기와 빛으로
피조물의 기쁨 찬미하는 여기 지극히 작은 이 몸 있음을…….

— 성 프란체스코의 〈태양의 찬가〉 中에서

가보기°

페루자에서 열차로 25분, 피렌체에서 테론톨라Terontola를 경유해 열차로 3시간 소요된다. 기차역에서 출발하는 버스를 타고 4km 떨어진 아시시의 마테오티 광장까지 갈 수 있다. 로마에서 폴리뇨Poligno를 경유하면 2~3시간 소요되고 페루자에서 APM 버스로는 50분 정도 걸린다.

맛보기°

트라토리아 다 에르미니오 Trattoria Da Erminio

3대째 운영 중인 아시시 전통 리스토란테로, 미슐랭 가이드 추천 레스토랑이다. 세트 메뉴가 맛이 좋다. 목요일은 휴무.

address 몬테카발로 거리 19번지 Via Montecavallo, 19
telephone 075 812506
url www.trattoriadaerminio.it

트라토리아 팔로타 Trattoria Pallotta

전통 움브리아 요리를 맛볼 수 있는 곳으로, 지하 와인 셀러도 방문할 수 있다. 같은 이름의 호텔도 운영 중이다. 화요일은 휴무.

address 델라 볼타 핀타 거리 3번지 Vicolo della Volta Pinta, n. 3
telephone 075 812649 / 8155273
menu 런치 세트 12:00~14:30 / 디너 세트 19:00~21:30
url www.trattoriapallotta.it

레 테라제 디 프로페르지오 Le Terrazze di Properzio

아시시 아래로 펼쳐진 움브리아 평원이 한눈에 내려다보이는 전망 좋은 이탈리안 식당. 최고의 전망과 함께 가볍게 와인이나 커피 한잔 음미하기에도 좋다. 중심 거리에서 살짝 벗어나 있어 좀 더 조용한 분위기를 느낄 수 있다. 수요일은 휴무.

aaddress 메타스타시오 거리 13번지 Via Metastasio, 13
telephone 075 816868
menu 런치 세트 12:00~14:30 / 디너 세트 19:00~21:30

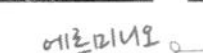

에르미니오

트라토리아 팔로타

성 프란체스코 성당

마천루의 도시

산 지미냐노

San Gimignano

환상적인 토스카나의 풍경이 눈앞에 펼쳐진다.
붉은 지붕의 주택과 올리브나무,
포도밭이 한 폭의 그림이 된다.

중세에 건설된 산 지미냐노의 마천루는 토스카나를 대표하는 풍경 중 하나다. 비옥한 토스카나 들판을 달리다 보면 저 멀리 완만한 포도밭과 올리브 나무 언덕 위로 마치 현대적인 도시의 스카이라인처럼 산 지미냐노가 우뚝 솟아 있다. 버스 정류장과 주차장이 있는 바깥에서 낡은 성문을 통과해 성벽 안으로 들어가면, 골목 양쪽으로 토스카나의 비옥한 땅에서 자란 포도로 만든 산 지미냐노 전통 화이트 와인 베르나치아 디 산 지미냐노Vernaccia di San Gimignano로 가득찬 가게와 전통 과자 가게, 도자기 가게들이 늘어서 있다. 사실 산 지미냐노는 아주 작은 마을이어서 꼭 들러봐야 할 특별한 박물관이나 미술관이 있는 곳은 아니다. 그저 마을 곳곳에 우뚝 솟아 있는 중세의 탑들과 구불구불 걷는 재미가 있는 골목길이 토스카나의 진정한 멋을 느끼게 해준다. 유네스코 세계 문화유산으로 지정된 역사지구를 그저 발길 가는 대로 걸으면 되는 것이다.

중세 시대 때 산 지미냐노는 영국의 캔터베리에서 프랑스, 스위스를 거쳐 로마로 가는 성지 순례길인 비아 프란치제나Via Francigena의 도시이자 지리적인 위치로 인해 중요한 교역 도시로서 번영의 꽃을 피웠다. 특히 토스카나의 부유한 가문들은 경쟁적으로 자신의 권력과 부를 과시하며 이곳에 높은 탑을 세우기 시작했다. 그래서 한때는 도시의 붉은 기와지붕 위로 총 72개의 탑이 하늘을 향해 우후죽순 솟아오르기도 했다. 하지

San Gimignano

만 중세 시대의 전쟁과 흑사병, 그리고 당시 라이벌이었던 피렌체의 침략을 겪으면서 산 지미냐노는 쇠퇴하기 시작했다. 그럼에도 불구하고 산 지미냐노는 여전히 역사지구 곳곳에 14개의 탑들이 신비로운 분위기를 이루며 솟아 있어 여행자들에게 특별한 인상을 남긴다.

산 지미냐노의 가장 높은 탑인 토레 그로사Torre Grossa는 팔라초 코무날레Palazo Comunale, 시청 바로 옆에 우뚝 서 있는데, 높이가 무려 54미터나 된다. 내부는 계단으로 되어 있어서 탑의 꼭대기까지 올라갈 수 있다. 가파른 탑의 꼭대기까지 오르기가 부담스러운 여행자들은 지금은 폐허가 된 옛 요새, 로카Rocca에 오르면 된다. 그리 힘들이지 않고 오를 수 있는 마을 언덕 가장 높이 위치한 로카는 초록의 풀밭과 올리브 나무들로 둘러싸여 있다. 이곳에 서면 환상적인 토스카나의 풍경이 눈앞에 펼쳐진다. 부드러운 능선의 언덕에 산재한 붉은 지붕의 주택과 올리브 나무, 포도밭이 그려내는 평화로운 풍경이 한 폭의 그림이 된다.

두오모 광장도 멋지지만 산 지미냐노의 가장 아름다운 광장은 중세의 우물이 한가운데 자리 잡은 치스테르나 광장Piazza della Cisterna이다. 저녁 어스름이 내릴 무렵, 그 광장의 젤라테리아 돈돌리Gelateria Dondoli에 들러 세계 젤라토 챔피언인 돈돌리Sergio Dondoli 씨가 추천하는 젤라토의 맛에 빠져보는 것은 산 지미냐노 여행의 특권이다. 젤라토 속에 인생의 맛, 돌체 아마로Dolce Amaro(달콤하면서 쓰다는 뜻)를 담아내는 그의 깊은 철학에 잠시 경의를 표하면서 말이다.

VERNACCIA
€ 5.00
CHIANTI
COLLI SENESI
€ 6.00
VERNACCIA
SAN GIMIGNANO
€ 5.60
CHIANTI
COLLI SENESI
€ 5.80

Travel Memo

가보기°

피렌체에서 포지본시Poggibonsi로 가서 열차를 갈아타면 산 조반니 성문Porta San Giovanni 앞에 도착한다. 1시간 15분 소요. 시에나에서도 직행 버스가 있다. 1시간 30분 소요된다.

맛보기°

젤라테리아 돈돌리 Gelateria Dondoli

시칠리아산 피스타치오맛, 베네수엘라산 코코아맛 등 주인장 돈돌리가 엄선한 재료로 만든 최고의 젤라토를 맛볼 수 있다. 다양한 허브로즈마리, 라즈베리, 블랙베리, 라벤더, 고르곤졸라 치즈, 호두로 맛을 낸 소르베와 산 지미냐노 최고의 베르나치아 와인으로 만든 소르베Vernaccia Sorbet 추천.

address 치스테르나 광장 4번지 Piazza della Cisterna, 4
telephone 057 7942244
url www.gelateriadondoli.com

파스티체리아 준티 엠 체니니 Pasticceria Giunti M Cennini

전통 과자와 쿠키, 초콜릿 등이 풍성한 가게.

address 산 조반니 거리 88번지 Via San Giovanni, 88
telephone 057 7941051

머물기°

호텔 라 치스테르나 Hotel la Cisterna

구시가 중심인 치스테르나 광장에 자리 잡고 있어 구시가를 편안히 둘러보기에 좋다. 클래식한 피렌체풍 장식들로 꾸며져 있으며 12세기 건물에 들어선 유서 깊은 호텔이다. 몇몇 방들은 토스카나 평원이 창문 밖으로 시원스럽게 펼쳐지는 전망을 갖추었다. 전망 좋은 레스토랑도 운영하고 있다. 구시가 바깥까지 셔틀 서비스를 제공해 편리하다.

address 치스테르나 광장 23번지 Piazza Della Cisterna, 23
telephone 0577 940328
url www.hotelcisterna.it

젤라테리아 돈돌리

돈돌리 젤라토

토스카나 와인

기적의 들판

피사

Pisa

혹시나 파격이 삶을 무너뜨리지 않을까 고민할 필요는 없다.
가끔 비틀거리고 기울기는 하겠지만,
그래도 완전히 쓰러지지는 않을테니.

이탈리아 중부의 비옥한 토스카나 주에는 수많은 역사 도시들이 곳곳에 산재해 있다. 그중에서도 전 세계 여행자들은 호기심을 가득 안고 아르노 강가에 자리 잡은 피사로 몰려온다. 그 이유는 바로 건축의 걸작이자 기운 모양 때문에 더욱 유명해진 피사의 사탑Torre di Pisa 때문. 피사를 떠올릴 때면 영화 〈슈퍼맨〉 속의 한 장면이 떠오른다. 술에 취한 채 하늘을 날아가던 수퍼맨이 기운 피사의 사탑을 보고서 나름 선행을 하겠다고 사탑을 똑바로 세워놓자, 피사의 사탑 아래에서 기념품을 팔던 아저씨가 자신의 사탑 모형을 깨부수며 수퍼맨을 욕하던 우스운 장면이다.

사실 피사의 사탑은 너무나 유명하다 못해 식상한 느낌마저 들어 여행 목록에서 늘 뒤로 밀려나던 곳이었다. 하지만 이탈리아 전역을 일주하는 흔치 않은 일정에서, 그동안 빼놓았던 피사가 과연 어떤 매력을 가지고 있는지 이번엔 꼭 확인해 보고 싶었다.

피사 중앙역에서 구시가지 방향으로 20여 분을 걸어가면 아르노 강을 건너는 다리가 나온다. 다리를 건너면 가리발디 동상이 한가운데 덩그러니 서 있는 썰렁한 광장이 나온다. 광장 한켠에 있는 젤라토가게에서 상큼한 젤라토 하나를 맛보고 나서야 비로소 무더운 여름 햇살 아래로 다시 걸어갈 기운이 났다.

뜨거운 뙤약볕 아래를 부지런히 돌아다니는 이들은 대부분 여행자다.

그들은 모두 약속이나 한 듯이 한 방향으로 곧장 걷는다. 지도를 볼 필요도 없이 그렇게 그들을 뒤따라 가다보면 어느 순간 비현실적으로 기운 피사의 사탑이 고개를 쑥 내밀고 멀뚱히 쳐다본다. 사진이나 TV 속에서 보던 피사의 사탑을 실재하는 건축물로 바라보니 더욱 신기하기만 하다. 남녀노소 누구나 피사의 사탑에 다가갈수록 만면에 신기함과 미소가 절로 묻어난다.

피사의 주요 관광 명소는 '두오모 광장Piazza del Duomo' 또는 '캄포 델 미라콜리Campo del Miracoli, 기적의 들판'라고 불리는 넓은 잔디밭에 모여 있다. '기적의 들판'이란 이름은 이탈리아 작가이자 시인인 다눈치오Gabriele d'Annunzio가 그의 소설 〈포르세 케 시 포르세 케 노Forse che si forse che no, 어쩌면 그게 아닐지도〉에서 처음 부르기 시작했다. 로마네스크 양식의 걸작으로 손꼽히며 엄청난 규모를 자랑하는 십자가 모양의 대성당, 세례 요한에게 바쳐진 웅장한 세례당, 옛 묘지인 캄포 산토Campo Santo 그리고 피사의 사탑이 한자리에 모여 있는 비현실적인 들판에서는 오로지 여행자들만이 현실감을 주는 존재이다.

'캄포 산토'는 '성스러운 들판'이란 의미인데, 이곳의 바닥은 12세기에 십자군이 '성스러운 땅La Terra Santa'인 이스라엘의 골고다Golgotha 언덕에서 가져온 흙으로 수놓아졌다. 골고다 언덕은 예수가 십자가에 못 박혀 죽임을 당한 곳이다. 광활한 들판에 담긴 역사와 문화가 주는 경외감에 다리에서 힘이 풀려 그만 들판에 털썩 주저앉아버렸다.

18세기 영국의 소설가 스몰렛Tobias Smollett은 이 도시를 방문하고는 그

Pisa

아름다움과 우아함을 찬탄했다. 그는 '거대한 고독'이라는 멋진 어구로 피사에 대한 자신의 느낌을 고백했다. 기적의 들판에서 주저앉아버린 마음 속에 홀연히 떠오른 그 느낌이 바로 '거대한 고독'이었다.

피사 대성당 두오모의 부속 종탑인 피사의 사탑은 1173년 착공할 당시에는 수직이었으나 공사를 시작한 지 얼마 지나지 않아 곧 기울기 시작했다. 사탑 바닥의 불과 3미터 아래에 모래로 된 약한 지반이 있었기 때문이다. 이 사실을 안 뒤 공사가 잠시 중단되었지만, 이후 지층을 좀 더 조사해보니 기울기는 해도 무너지지 않는다는 결론을 내리게 되었고 결국 공사를 재개해 1350년 완성되었다. 그러자 정말 쓰러지지 않고 삐딱하게 선 세상에서 유일무이한 사탑이 탄생했다. 피사의 사탑은 그 경이로움으로 인해 세계 7대 불가사의에 선정되는 영예를 안기도 했다. 탑의 높이는 무려 55미터, 계단은 297개, 무게는 14.5톤에 이른다.

1990년부터는 10년간 입장을 금지시키고 보수공사를 통해 사탑을 조금씩 끌어올리는 작업을 했다. 2001년 마침내 기우는 것이 멈추어 일반에 다시 공개되었다. 현재 기울기는 약 5.5도라고 한다.

피사를 언급할 때 빠뜨릴 수 없는 인물이 바로 피사에서 태어난 세계적인 물리학자이자 수학자, 천문학자인 갈릴레이다. 그는 물체의 자유낙하 시간은 질량에 의존하지 않는다는 법칙을 입증하기 위해 피사의 사탑 꼭대기에 올랐다. 그곳에서 크고 작은 두 종류의 물체를 동시에 떨어뜨려 양쪽이 동시에 땅에 닿는다는 것을 보여주고 자신의 가설을 증명했다는 일화는 너무나 유명하다. 그러나 이 일화는 갈릴레이의 제자였

던 비비아니Viviani가 지어낸 것으로, 실제 실험은 피사의 사탑에서 이루어지지 않았다고 한다. 하지만 갈릴레이의 고향이 피사였음을 생각해볼 때 그도 이 사탑을 오르거나 주변을 배회하며 연구를 했으리라 짐작은 할 수 있다. 갈릴레이는 또한 지동설을 주장하다가 당시 로마 교황청으로부터 이단으로 판정을 받고 재판에 회부되기도 했다. 결국 재판이 열리기 전에 자신의 주장을 철회하고 '그래도 지구는 돈다'라고 독백을 했다는 일화는 피사의 사탑 만큼이나 유명하다.

피사의 사탑 가까이에 다가갈수록 전 세계에서 몰려온 여행자들이 각자 적당한 위치에서 사탑을 떠받치거나 미는 듯한 포즈를 취하면서 즐거운 축제를 벌이듯 사진을 찍는다. 재미있는 사진을 찍으려고 시끌벅적 한바탕 소동을 벌이는 여행자들을 보고 있으니 기울어진 탑 하나가 선사하는 즐거움의 크기가 가히 놀랍기만 하다.

사람들은 왜 이토록 피사의 사탑에 열광하는 걸까? 어쩌면 그 기움이 기존의 세상을 달리 보게 하는 혜안을 선사하기 때문은 아닐까. 늘 반복되고 정형화된 일상은 현대인들을 지치게 만든다. 하지만 피사에 가면 그런 규격화되고 정형화된 일상에서 잠시나마 벗어난 파격을 꿈꿀 수 있다. 일상성의 파괴는 더 나은 창조의 힘을 불어넣어준다.

혹시나 파격이 자신의 삶을 무너뜨리지 않을까 고민할 필요는 없다. 가끔 인생이 비틀거리고 기울기는 하겠지만, 그래도 완전히 쓰러지지 않을테니. 왜냐하면 피사의 사탑이 기적처럼 우리 눈앞에 수백 년 동안 결코 쓰러지지 않는 당당한 현실로 서 있으니 말이다.

가보기°

피렌체에서 피사까지 수시로 열차가 운행된다. 1시간~1시간 30분 정도 소요된다. 로마에서도 매일 16대씩 열차가 운행 중이며 2시간 30분~4시간 소요된다.

맛보기°

라 보테가 델 젤라토 La Bottega del Gelato

현지 젊은이들에게 인기 있는 젤라테리아로 가리발디 동상 근처에 있다.

address 가리발디 광장 11번지 Piazza Garibaldi 11 Centro

telephone 050 5754675

파스티체리아 살차 Pasticceria Salza

1898년 처음 문을 연 맛좋은 디저트 카페.

address 보르고 스트레토 46번지 Borgo Stretto, 46

telephone 050 7917074

url www.salzacatering.it

해보기°

피사의 사탑 앞에서 사진 찍기

인증이라도 하듯 관광 명소 앞에서 기념 사진을 찍는 것이 촌스럽게 여겨지는 시대지만, '피사의 사탑' 사진은 평생 한 장쯤 남길 만하다. 수많은 관광객이 피사의 사탑을 뒤에 두고 사진을 찍는 데에는 분명 이유가 있을 터. 기운 탑을 세우는 듯한 동작, 수퍼맨 동작을 하고 찍어보는 것도 색다른 재미이다.

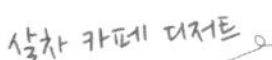

살차 카페 디저트

살차 카페 초콜릿

피사 기념품

비잔틴 모자이크의 도시

라벤나

Ravenna

윤기나는 대리석 바닥과 장중한 기둥들,
천장과 벽면을 가득 채운 모자이크가
뿜어내는 매력에 절로 탄성이 나온다.

서로마 제국은 395년부터 476년까지 유럽에 존재하던 제국이다. 395년 로마의 황제인 테오도시우스 1세가 약해진 통치력으로는 더 이상 로마 제국을 혼자서 통치할 수 없다고 판단하여 제국을 동서로 나눠 자신의 아들들에게 통치를 맡기면서 탄생했고, 476년 마지막 황제인 로물루스 아우구스투스가 게르만 족 용병 대장 오도아케르에 의해 강제로 퇴위당하면서 멸망했다. 402년부터 제국이 멸망하던 476년까지 서로마 제국의 수도가 바로 라벤나였다. 보는 이를 압도하는 웅장한 초기 기독교와 비잔틴 모자이크가 완성된 시기가 바로 이 영화로운 시절이었다.

아드리아 해안에서 멀지 않은 에밀리아 로마냐 주의 우아한 도시 라벤나는 위대한 모자이크로 인해 유네스코 세계 문화유산으로 선정되었다. 사실 라벤나는 이탈리아 내에서 눈에 띄는 여행지는 아니다. 하지만 오히려 그로 인해 한적한 여유를 누리면서 아름다운 모자이크를 충분히 감상할 수 있는 곳이다.

라벤나의 중심은 포폴로 광장Piazza del Popolo이다. 한적한 광장은 15세기에 건설된 시청사 팔라초 코무날레Palazzo Comunale와 그리 높지 않은 역사적인 건축물들로 둘러싸여 있다. 베네치아 공화국 시절의 통치자들은 다른 곳에서도 그러했듯이 광장에 두 개의 기둥을 높게 세웠다. 하지만 일반적으로 베네치아 공화국을 상징하는 사자상 대신 이곳에서는 라벤

나의 두 수호성인인 산 비탈레San Vitale와 산타폴리나레Sant'Apollinare 의 조각상을 세웠다.

여행자들이 라벤나를 찾는 이유는 바로 유네스코 세계 문화유산에 등재된 모자이크 때문이다. 라벤나의 성당 곳곳에는 우아하고 고풍스러운 모자이크들이 가득하다. 모자이크를 품고 있는 도시 곳곳에 산재한 성당들 중에서 최고의 영광과 찬사는 바실리카 디 산 비탈레Basilica di San Vitale가 받아야 한다. 6세기에 건설된 이 바실리카는 겉에서 볼 때는 단순한 벽돌 건물처럼 보이지만, 내부로 들어서면 윤기 나는 대리석 바닥과 장중한 기둥들 그리고 천장과 벽면을 가득 채운 모자이크가 뿜어내는 매력에 절로 탄성을 지르게 된다. 유럽에서 가장 아름다운 이곳의 비잔틴 모자이크들은 구약 성경 장면과 비잔틴 제국의 황제 유스티니아누스 1세와 테오도라 황후 그리고 그 시종들의 모습을 재현하고 있다.

바실리카에 인접한 마우솔레오 디 갈라 플라치디아Mausoleo di Galla Placidia의 황금별이 빛나는 푸른 천장 모자이크와 바실리카 디 산타폴리나레 누오보Basilica di Sant'Apollinare Nuovo의 순교자 행렬이 장엄하게 묘사된 모자이크 역시 압권이다. 이 외에도 라벤나 곳곳에는 다양한 모자이크 유산들이 각각 풍요로운 향기를 발하고 있다.

끝으로, 이탈리아가 자랑하는 문인 단테는 피렌체에서 추방당한 후 이곳저곳을 배회하다가 이곳 라벤나에 정착하게 되었다. 그는 이곳에 살면서 〈신성한 희곡La Divina Comedia〉을 쓰기 시작해 1321년 죽기 직전에 완성했다. 라벤나의 중심에 그의 무덤마우솔레움, Mausoleum이 있다.

가보기°

볼로냐에서 기차로 1시간 15분, 페라라Ferrara에서 1시간 15분 소요된다.

머물기°

팔라초 갈레티 아비오시 Palazzo Galletti Abbiosi

라벤나 역사지구 안 기차역 근처에 있다. 주차장, 피트니스 시설, 회의실뿐만 아니라 작은 예배당Cappella도 갖추고 있다. 아침 식사가 제공된다.

address 로마 거리 140번지 Via di Roma, 140

telephone 0544 313313

url hotel-ravenna-mosaico.it

맛보기°

바바레우스 Babaleus

점심 뷔페가 아주 저렴하면서 실속 있게 제공된다.

address 가비아니 골목 7번지 Vicolo Gabbiani n.7

telephone 0544 216464

open 12:00~14:30 / 19:00~24:00

url www.ristorantebabaleus.com

카 데 벵 Ca de Ven

로마냐 주의 와인이 가득한 에노테카이자 고풍스러운 레스토랑이다. 와인 셀렉션이 훌륭한 편이다.

address 코라도 리치 거리 24번지 Via Corrado Ricci, 24

telephone 0544 30163

url www.cadeven.it

해보기°

라벤나에서는 자전거 타기가 인기이다. 시내 관광안내소에서 여행자들을 위해 무료로 자전거를 대여해 준다. 사진이 붙은 신분증만 제시하면 자전거를 이용할 수 있다.

라벤나 풍경

바바레우스

젤라토

Epilogue

–그녀와 26년 만에 재회한 후 난 운명 같은 사랑을 받아들이지 않을 수 없었어.
놀랍지 않아? 이 신화 같은 이탈리아 여행이 우리를 이끌어준 거야.

시칠리아 여행길에서 만난 데니스는 조금 들뜬 표정이었지만
목소리는 오히려 담담했다.
시작은 있지만 끝없이 무한한 것이 사랑이고 신화다.
사랑이 시작되고 신화가 이어지듯, 그렇게
여행도 끝없이 계속된다.
이탈리아가 무수히 품고 있는 소도시의 신화와 사랑,
마법 같은 풍경 속으로 빠져드는 경험은 여행자의 꿈이자 로망일 터.
그 꿈의 여정 속, 놀랍고도 신비로운 소도시 골목길로
한 발짝 당신의 발을 들여놓기를!
그 다음 발자국 이후는 여행의 경이로움이 당신을 이끌어주리라.

소도시 여행자, 백상현

© Jongmin Kim

이탈리아 소도시 여행

개정판 1쇄 발행일 2018년 9월 20일
개정판 3쇄 발행일 2022년 10월 14일

지은이 백상현

발행인 윤호권
사업총괄 정유한

편집 이정원 **디자인** 김지연 **마케팅** 정재영
발행처 ㈜시공사 **주소** 서울시 성동구 상원1길 22, 6-8층(우편번호 04779)
대표전화 02-3486-6877 **팩스(주문)** 02-585-1755
홈페이지 www.sigongsa.com / www.sigongjunior.com

ISBN 978-89-527-9242-6 13980